技工院校一体化课程教学改革电梯工程技术专业教材

电梯定期检验

人力资源社会保障部教材办公室组织编写

中国劳动社会保障出版社

内容简介

本书主要内容包括技术资料审查、机房及相关设备定期检验、井道及相关设备定期检验、轿厢对重及悬挂补偿装置定期检验、轿门与层门定期检验等。

图书在版编目（CIP）数据

电梯定期检验 / 人力资源社会保障部教材办公室组织编写 . -- 北京：中国劳动社会保障出版社，2020

技工院校一体化课程教学改革电梯工程技术专业教材

ISBN 978-7-5167-4433-8

Ⅰ. ①电… Ⅱ . ①人… Ⅲ. ①电梯 – 检验 – 技工学校 – 教材 Ⅳ. ①TU857

中国版本图书馆 CIP 数据核字（2020）第 105991 号

中国劳动社会保障出版社出版发行

（北京市惠新东街 1 号 邮政编码：100029）

*

北京市科星印刷有限责任公司印刷装订 新华书店经销

787 毫米 ×1092 毫米 16 开本 16.25 印张 285 千字

2020 年 7 月第 1 版 2024 年 12 月第 3 次印刷

定价：32.00 元

营销中心电话：400-606-6496

出版社网址：http://www.class.com.cn

http://jg.class.com.cn

技工院校一体化课程教学改革教材编委会名单

编审委员会

编审人员

序

习近平总书记指示：“职业教育是国民教育体系和人力资源开发的重要组成部分，是广大青年打开通往成功成才大门的重要途径，肩负着培养多样化人才、传承技术技能、促进就业创业的重要职责，必须高度重视、加快发展。”技工教育是职业教育的重要组成部分，是系统培养技能人才的重要途径。多年来，技工院校始终紧紧围绕国家经济发展和劳动者就业，以满足经济发展和企业对技术工人的需求为办学宗旨，既注重包括专业技能在内的综合职业能力的培养，也强调精益求精的工匠精神的培育，为国家培养了大批生产一线技能劳动者和后备高技能人才。

随着加快转变经济发展方式、推进经济结构调整以及大力发展高端制造业等新兴战略性产业，迫切需要加快培养一批具有高超技艺的技能人才。为了进一步发挥技工院校在技能人才培养中的基础作用，切实提高培养质量，从2009年开始，我部借鉴国内外职业教育先进经验，在全国200余所技工院校先后启动了三批共计32个专业（课程）的一体化课程教学改革试点工作，推进以职业活动为导向，以校企合作为基础，以综合职业能力培养为核心，理论教学与技能操作融会贯通的一体化课程教学改革。这项改革试点将传统的以学历为基础的职业教育转变为以职业技能为基础的职业能力教育，促进了职业教育从知识教育向能力培养转变，努力实现“教、学、做”融为一体，收到了积极成效。改革试点得到了学校师生的充分认可，普遍反映一体化课程教学改革是技工院校一次“教学革命”，学生的学习热情、综合素质和教学组织形式、教学手段都发生了根本性变化。试点的成果表明，一体化课程教学改革是转变技能人才培养模式的重要抓手，是推动技工院校改革发展的重要举措，也是人力资源社会保障部门加强技工教育和职业培训工作的一个重点项目。

教学改革的成果最终要以教材为载体进行体现和传播。根据我部推进一体化课程教学改革的要求，一体化课程教学改革专家、几百位试点院校的骨干教师以及中国人力资源和社会保障出版集团的编辑团队，组织实施了一体化课程教学改革试点，并将试点中形成的课程成果进行了整理、提炼，汇编成教材。第一批试点专业教材2012年正式出版后，得到了院校的认可，我们于2019年启动了第一批试点专业教材的修订工作，将于2020年出版。同时，第二批、第三批试点专业教材经过试用、修改完善，也将陆续正式出版。希望全国技工院校将一体化课程教学改革作为创新人才培养模式、提高人才培养质量的重要抓手，进一步推动教学改革，促进内涵发展，提升办学质量，为加快培养合格的技能人才做出新的更大贡献！

技工院校一体化课程教学改革

教材编委会

2020年5月

目　录

学习任务一　技术资料审查

学习目标

1. 能阅读工作任务单，明确任务内容、要点及要求；能正确描述电梯定期检验、定期检验自检等概念；能明确技术资料审查项目、内容与要求，认识使用单位各种技术资料。

2. 能根据审查工作流程，制订工作计划，安排、组织人员；能与使用单位沟通，明确使用单位应准备及配合的相关工作；能准备现场审查所需规范和资料。

3. 能根据《电梯监督检验和定期检验规则——曳引与强制驱动电梯》（TSG T7001—2009）（含修改单）附件 A 中 1.4 项的要求，实施技术资料的审查，记录审查过程数据，制作审查指导；当审查存在不合格项时，能规范填写“工作联系单”，与使用单位沟通，正确处理相关事项；审查结束后，能规范填写“技术资料审查报告”“电梯基本信息表”，提交班组长验收。

4. 能撰写、汇报工作总结，改进、完善工作中存在的问题。

建议学时

20 学时

工作情境描述

某公司有 1 台有机房曳引驱动乘客电梯，该电梯的额定载重量为 1 000 kg，额定速度为 1 m/s，共有 3 层 3 站，采用微机集选控制方式，距离电梯使用标志标注的下次检验日期还有 1 个月，现因申请特种设备检验检测机构定期检验工作的需要，维保组长安排本组组员完成该台电梯定期检验技术资料的审查工作，工期为 1 天，审查地点为电梯使用单位工程部办公室，审查完成后交付维保组长验收。当前该电梯已按年度保养项目及要求完成了年度保养。

工作流程与活动

学习活动 1　明确工作任务（4 学时）

学习活动 2　审查前的准备工作（2 学时）

学习活动 3　实施技术资料审查（12 学时）

学习活动 4　工作总结与评价（2 学时）

学习活动 1　明确工作任务

学习目标

1. 能阅读工作任务单，明确任务内容、要点及要求。

2. 能描述电梯定期检验、定期检验自检等概念。

3. 能明确技术资料审查项目、内容与要求，认识使用单位各种技术资料。

建议学时　4 学时

学习过程

一、获取工作任务

阅读工作任务单、技术资料审查报告和电梯基本信息表的内容，通过互联网检索或查阅相关资料，了解本次工作任务的内容、工期及验收标准等要求，回答表后所列问题。本任务为定期检验技术资料审查，因此仅包括使用资料的审查。技术资料审查报告和电梯基本信息表在本次工作结束时填写。

工作任务单

流水号	2020–09–037	任务名称	电梯使用资料定期检验自检审查
工期	1 天	开工日期	2020.5.10
任务描述	某公司有 1 台有机房曳引驱动乘客电梯，该电梯的额定载重量为 1 000 kg，额定速度为 1.0 m/s，共有 3 层 3 站，采用微机集选控制方式，距离电梯使用标志标注的下次检验日期还有 1 个月，现因申请特种设备检验检测机构（以下简称检验机构）定期检验工作的需要，维保组长安排本组组员完成该台电梯定期检验技术资料的自检工作，自检项目及内容依据《电梯监督检验和定期检验规则——曳引与强制驱动电梯》（TSG T7001—2009）（含修改单，以下简称《检验规则》）附件 A 中“1.4 技术资料 B”的要求进行，自检结论需达到《检验规则》附件 A 中“1.4 技		

续表

任务描述	术资料B”检验要求的规定，审查过程中记录见证资料名称或编号，审查结束后填写“技术资料审查报告”，工期为1天，审查地点为电梯使用单位工程部办公室，审查完成后交付维保组长验收。当前该电梯已按年度保养项目及要求完成了年度保养。具体要求如下： （1）审查过程中，记录审查结果和结论 （2）审查过程中，使用手机拍照或录像等手段记录审查过程和见证资料，使用word制作技术资料审查作业指导书，作业指导书应能详细反映审查项目的审查过程 （3）现场审查完毕，若存在问题需要整改，规范填写“工作联系单”，与使用单位沟通、交流，指导使用单位完成整改 （4）根据《检验规则》的要求，完成使用单位的技术资料审查，规范填写“技术资料审查报告”和“电梯基本信息表”，提交维保组长验收		
使用单位	×××物业管理有限公司		
使用地址	××市××区银河大道××小区12幢		
设备注册代码		设备内部编号	
安全管理人员	徐健	电话	0871–88888888
设备名称	曳引驱动乘客电梯	型号	TKJ 1000/1.0 JXW
额定载重量	1 000 kg	额定速度	1.0 m/s
层站数	3层3站	控制方式	微机集选
是否经过改造	是☐　　否☑		
审查人员		复检人	
工作单签发人		签发日期	

技术资料审查报告

项目及类别		审查内容与要求	审查结果	审查结论
1[*] 技术资料	1.4 使用资料 B	使用单位提供了以下资料：		
		（1）使用登记资料，内容与实物相符		
		（2）安全技术档案，保存完好（《检验规则》实施前已经完成安装、改造或者重大修理的，1.1、1.2、1.3所述文件资料如有缺陷，应当由使用单位联系相关单位予以完善，可不作为本项审核结论的否决内容），至少包括： 1）《检验规则》附件A中1.1、1.2、1.3所述文件资料［1.2（3）和1.3（5）除外］ 2）监督检验报告 3）定期检验报告		

* 本书审查（检验）报告、审查（检验）记录等表单中的项目、内容、要求等均引用自相关标准，为便于对照，沿用各条目在标准中的序号。

续表

项目及类别		审查内容与要求	审查结果	审查结论
1[*] 技术资料	1.4 使用资料 B	4）日常检查与使用状况记录 5）日常维护保养记录 6）年度自行检查记录或报告 7）应急救援演习记录 8）运行故障和事故记录 注：本规则实施前已完成安装、改造或重大维修的，1.1、1.2、1.3 所述文件资料如有缺陷，应当由使用单位联系相关单位予以完善，可不作为本项审核结论的否决内容		
		（3）以岗位责任制为核心的电梯运行管理规章制度，包括事故与故障的应急措施和救援预案、电梯钥匙使用管理制度等		
		（4）与取得相应资格单位签订的日常维修保养合同		
		（5）按照规定配备的电梯安全管理和作业人员的特种设备作业人员证		

存在问题及整改情况	
审查结论	
	维保单位（公章） 年　月　日
审查人：　　　　日期：	
审核人：　　　　日期：	
使用单位意见	
	使用单位（公章） 年　月　日
使用单位负责人：　　　　日期：	

电梯基本信息

<table>
<tr><td colspan="2">设备名称（品种）</td><td></td><td>型号</td><td></td></tr>
<tr><td colspan="2">制造单位</td><td></td><td>许可证号</td><td></td></tr>
<tr><td colspan="2">产品编号</td><td></td><td>制造日期</td><td></td></tr>
<tr><td colspan="2">安装单位及许可证号</td><td></td><td>安装日期</td><td></td></tr>
<tr><td colspan="2">改造单位及许可证号</td><td></td><td>改造日期</td><td></td></tr>
<tr><td colspan="2">使用单位</td><td colspan="3"></td></tr>
<tr><td colspan="2">使用单位地址</td><td colspan="3"></td></tr>
<tr><td colspan="2">安全管理人员</td><td></td><td>联系电话</td><td></td></tr>
<tr><td colspan="2">设备使用地点</td><td></td><td>内部设备编号</td><td></td></tr>
<tr><td colspan="2" rowspan="2">维保单位</td><td rowspan="2"></td><td>许可证号</td><td></td></tr>
<tr><td>许可证有效期</td><td></td></tr>
<tr><td colspan="2">维保单位联系人</td><td></td><td>联系电话</td><td></td></tr>
<tr><td rowspan="9">设备
技术
参数</td><td>额定载重量</td><td></td><td>额定速度</td><td></td></tr>
<tr><td>层站门</td><td colspan="3"></td></tr>
<tr><td>控制方式</td><td colspan="3">□手柄开关控制 □按钮控制 □信号控制 □集选控制
□下集选控制 □并联控制 □梯群控制</td></tr>
<tr><td>拖动方式</td><td colspan="3">□交流调压调频调速 □交流调压调速 □交流单速
□交流双速 □直流调速 □其他</td></tr>
<tr><td>开门方向</td><td>□中 □左 □右 □垂直</td><td>开关门方式</td><td>开门：□自动 □手动
关门：□自动 □手动</td></tr>
<tr><td>电动机型号
及编号</td><td></td><td>曳引机型号
及编号</td><td></td></tr>
<tr><td>曳引比</td><td></td><td>曳引媒介根数
及规格型号</td><td></td></tr>
<tr><td>安全钳形式</td><td>□瞬时式 □渐进式</td><td>缓冲器形式</td><td>□蓄能型 □耗能型</td></tr>
<tr><td>安全钳型号
及编号</td><td></td><td>限速器型号
及编号</td><td></td></tr>
<tr><td>备注</td><td colspan="4"></td></tr>
</table>

1．该项工作的内容是什么？具体要求有哪些？

2．该项工作要求什么时间开始？多长时间完成？

3．该项工作的验收标准是什么？

4．该项工作完工时，应提交哪些记录或报告？

二、认识定期检验和定期检验自检

1．认识电梯定期检验

查阅《检验规则》，回答下列问题。

（1）简述电梯检验的概念。

（2）按适用范围的不同，电梯检验可分为哪两类？各自的适用范围分别是什么？

（3）简述电梯定期检验的概念。

（4）____适用于电力驱动的曳引式与强制式电梯（防爆电梯、消防员电梯、杂物电梯除外）的安装、改造、重大修理监督检验和定期检验，其规范编号是__________________。

（5）一般情况下，对于在用电梯，应______年进行1次定期检验。

（6）特种设备安全技术规范规定，____________单位应当在电梯使用标志所标注的下次检验日期届满前______个月，向规定的检验机构申请定期检验。

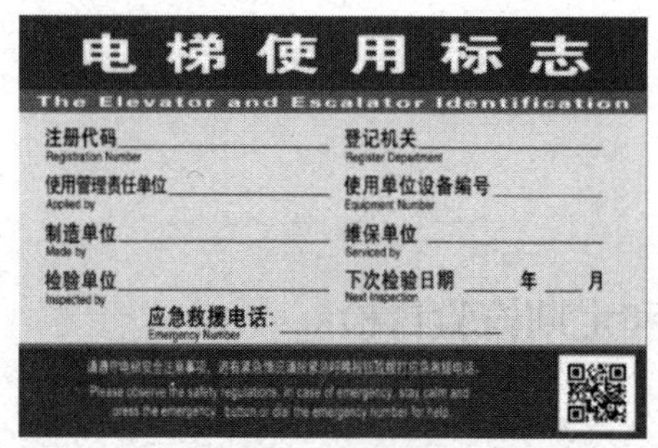

电梯使用标志

（7）查阅《检验规则》，监督检验和定期检验的检验项目和内容是如何确定的?

（8）查阅《检验规则》，监督检验和定期检验有什么区别?

（9）按检验项目分，电梯检验分为技术资料检验，________________，井道及相关设备检验，轿厢与对重（平衡重）检验，悬挂装置、补偿装置及旋转部件防护检验，____________________，无机房电梯附加项目，____________________________________八个检验项目。

2．认识电梯定期检验自检

查阅《检验规则》和《电梯维护保养规则》（TSG T5002—2017），回答下列问题。

（1）简述电梯自检的概念。

（2）电梯自检分为哪两类？有什么区别？

（3）简述电梯定期检验自检的概念。

（4）________________单位应在申请________________之前实施电梯定期检验自检。

（5）电梯定期检验自检合格，电梯维保单位应向__________单位出具____________________________________。

三、明确审查项目及内容

1．阅读技术资料审查报告，查阅《检验规则》，回答下列问题。

（1）电梯的技术资料主要包括哪几类？

（2）定期检验和监督检验在“1 技术资料”审查项目上有何不同？

（3）技术资料审查报告中“1.4 技术资料 B”的大写字母“B”表示什么含义？

（4）电梯检验项目分为＿＿＿＿＿＿、＿＿＿＿＿＿、＿＿＿＿＿＿三个类别。

（5）电梯检验项目的三个类别有什么区别？

（6）技术资料审查报告“（2）安全技术档案”中，《检验规则》附件 A 中 1.1、1.2、1.3 所述文件资料包括＿＿＿＿＿、安装资料和＿＿＿＿＿三类资料。

2．查阅《检验规则》，了解在定期检验自检技术资料审查时，制造资料应包括的审查项目，将下表中的制造资料审查项目、内容与要求补充完整。

制造资料审查项目、内容与要求

<table>
<tr><th colspan="2">项目及类别</th><th>审查内容与要求</th></tr>
<tr><td rowspan="7">1
技术资料</td><td rowspan="7">1.1
制造资料
A</td><td>（1）制造许可证明文件，许可范围能够＿＿＿＿＿受检电梯的相应参数</td></tr>
<tr><td>（2）电梯＿＿＿＿＿＿＿证书，其参数范围和配置表＿＿＿＿＿＿＿受检电梯</td></tr>
<tr><td>（3）＿＿＿＿＿＿，注有制造许可证明文件编号、＿＿＿＿＿＿＿、主要技术参数，限速器、安全钳、缓冲器、含有电子元件的安全电路（如果有）、可编程电子安全相关系统（如果有）、轿厢上行超速保护装置（如果有）、轿厢意外移动保护装置、驱动主机、控制柜的型号和编号、门锁装置、层门和玻璃轿门（如果有）的型号，以及悬挂装置的名称、型号、主要参数（如直径、数量），并且有电梯整机制造单位的公章或者检验专用章以及制造日期</td></tr>
<tr><td>（4）门锁装置、限速器、＿＿＿＿＿、缓冲器、含有电子元件的安全电路（如果有）、可编程电子安全相关系统（如果有）、轿厢上行超速保护装置（如果有）、轿厢意外移动保护装置、＿＿＿＿＿、控制柜、层门和玻璃轿门（如果有）的型式试验证书，以及＿＿＿＿＿和渐进式安全钳的调试证书</td></tr>
<tr><td>（5）＿＿＿＿＿，包括动力电路和连接电气安全装置的电路</td></tr>
<tr><td>（6）＿＿＿＿＿说明书，包括安装、使用、日常维护保养和应急救援等方面操作说明的内容</td></tr>
<tr><td>注：上述文件如为复印件，则必须经电梯整机制造单位加盖公章或者检验专用章；对于进口电梯，则应当加盖国内代理商的公章或者检验专用章</td></tr>
</table>

3．查阅《检验规则》，了解在定期检验自检技术资料审查时，安装资料应包括的审查项目，将下表中的安装资料审查项目、内容与要求补充完整。

安装资料审查项目、内容与要求

<table>
<tr><th colspan="2">项目及类别</th><th>审查内容与要求</th></tr>
<tr><td rowspan="3">1
技术资料</td><td rowspan="3">1.2
安装资料
A</td><td>（1）安装许可证明文件和＿＿＿＿＿＿＿＿，许可证范围能够覆盖受检电梯的＿＿＿＿＿＿＿＿</td></tr>
<tr><td>（2）＿＿＿＿＿＿＿＿，审批手续齐全</td></tr>
<tr><td>（3）用于安装该电梯的机房（机器设备间）、井道的布置图或者土建工程勘测图，有安装单位确认＿＿＿＿＿＿＿＿的声明和公章或者检验专用章，表明其通道、通道门、井道顶部空间、底坑空间、楼层间距、井道内防护、安全距离、井道下方人可以到达的空间等满足安全要求</td></tr>
</table>

续表

<table>
<tr><th colspan="2">项目及类别</th><th>审查内容与要求</th></tr>
<tr><td rowspan="3">1
技术
资料</td><td rowspan="3">1.2
安装
资料
A</td><td>（4）施工过程记录和由________单位出具或者确认的自检报告，检查和试验项目齐全、内容完整，施工和验收手续齐全</td></tr>
<tr><td>（5）变更设计证明文件（如安装中变更设计时），履行了由使用单位提出、经整机制造单位同意的程序</td></tr>
<tr><td>（6）安装质量证明文件，包括________、安装单位安装许可证明文件编号、产品编号、主要技术参数等内容，并且有安装单位公章或者检验专用章以及竣工日期</td></tr>
</table>

4．查阅《检验规则》，了解在定期检验自检技术资料审查时，改造、重大维修资料应包括的审查项目，将下表中的改造、重大维修资料审查项目、内容与要求补充完整。

改造、重大维修资料审查项目、内容与要求

<table>
<tr><th colspan="2">项目及类别</th><th>审查内容与要求</th></tr>
<tr><td rowspan="6">1
技术
资料
B</td><td rowspan="6">1.3
改造、
重大
维修
资料
A</td><td>（1）________许可证明文件和改造或者重大维修告知书，许可范围能够覆盖受检电梯的相应参数</td></tr>
<tr><td>（2）改造或者重大维修的________以及施工方案，施工方案的审批手续齐全</td></tr>
<tr><td>（3）加装或者更换的安全保护装置或者主要部件________、型式试验证书以及限速器和渐进式安全钳的调试证书（如发生更换）</td></tr>
<tr><td>（4）拟加装的自动救援操作装置、能量回馈节能装置、________的下述资料（属于改造时）：
1）________（含电气原理图和接线图）
2）产品质量证明文件，标明产品型号、产品编号、主要技术参数，并且有产品制造单位的公章或者检验专用章以及制造日期
3）________，包括安装、使用、日常维护保养以及与应急救援操作方面有关的说明</td></tr>
<tr><td>（5）施工过程记录和________，检查和试验项目齐全、内容完整，施工和验收手续齐全</td></tr>
<tr><td>（6）改造或者重大维修________，包括电梯的改造或者重大维修合同编号、改造或者重大维修单位的许可证明文件编号、电梯使用登记编号、主要技术参数等内容，并且有改造或者重大维修单位的公章或者检验专用章以及竣工日期</td></tr>
</table>

四、认识技术资料

实地走访电梯维保单位、电梯使用单位，与相关人员沟通、交流，收集、整理电梯使用单位各种技术资料，将技术资料分类拍照或录像、整理，制作一份关于使用单位技术资料介绍的 PowerPoint 演示文稿，在小组内展示、汇报，并简述对这些技术资料的认识和体会。

学习活动 2　审查前的准备工作

学习目标

1. 能明确技术资料审查工作流程，制订工作计划，安排、组织人员。

2. 能与使用单位沟通，明确使用单位需准备及配合的相关工作。

3. 能准备现场审查所需的规范和资料。

建议学时　2 学时

学习过程

一、制订工作计划

1．本次技术资料审查工作主要包括 9 个工作流程，制订工作计划，填入“审查工作计划表”中。

审查工作计划表

序号	工作流程	人员分工	工时
1	明确工作任务		
2	审查前的准备工作		
3	使用登记资料审查		
4	制造资料审查		
5	安装资料审查		
6	改造、重大维修资料审查		
7	其他安全档案资料审查		
8	运行规章制度审查		
9	竣工及验收		

2．简述本次技术资料审查工作的人员分工及安排。

二、与使用单位沟通

1．为让使用单位更好地配合现场技术资料的审查工作，结合前面对制造资料、安装资料、改造及重大维修资料、使用资料等的学习，详细列举使用单位应准备的技术资料名称，填写在下表中的空白处。在与使用单位沟通联系时，告知使用单位提前准备。

使用单位应准备的技术资料清单

<table>
<tr><td rowspan="22">技术资料</td><td>使用登记资料</td><td colspan="2"></td></tr>
<tr><td rowspan="21">安全技术档案</td><td rowspan="8">制造资料</td><td></td></tr>
<tr><td></td></tr>
<tr><td></td></tr>
<tr><td></td></tr>
<tr><td></td></tr>
<tr><td></td></tr>
<tr><td></td></tr>
<tr><td></td></tr>
<tr><td rowspan="7">安装资料</td><td></td></tr>
<tr><td></td></tr>
<tr><td></td></tr>
<tr><td></td></tr>
<tr><td></td></tr>
<tr><td></td></tr>
<tr><td></td></tr>
<tr><td rowspan="6">改造、重大维修资料</td><td></td></tr>
<tr><td></td></tr>
<tr><td></td></tr>
<tr><td></td></tr>
<tr><td></td></tr>
<tr><td></td></tr>
</table>

续表

<table>
<tr><td rowspan="10">技术资料</td><td rowspan="6">安全技术档案</td><td>监督检验报告</td><td></td></tr>
<tr><td>定期检验报告</td><td></td></tr>
<tr><td>日常维护保养记录</td><td></td></tr>
<tr><td rowspan="3">应急救援演习记录</td><td></td></tr>
<tr><td></td></tr>
<tr><td></td></tr>
<tr><td rowspan="2">电梯运行管理规章制度</td><td colspan="2"></td></tr>
<tr><td colspan="2"></td></tr>
<tr><td>日常维护保养合同</td><td colspan="2"></td></tr>
<tr><td>特种设备作业人员证书</td><td colspan="2"></td></tr>
</table>

2．到使用单位进行技术资料审查前，应提前与使用单位人员进行沟通、联系，简要列举沟通、联系的内容。

三、准备规范和资料

根据前面所学习的知识，列举现场技术资料审查工作中可能会用到的电梯安全技术规范及资料明细，并到资料管理员处借阅，以便现场审查时查阅。

安全技术规范及资料明细

序号	规范和资料名称	数量	领用日期	归还日期	领用人	管理员
1						
2						
3						
4						
5						
6						

学习活动 3　实施技术资料审查

学习目标

1. 能根据《检验规则》附件 A 中 1.4 项的审查项目、内容及要求，实施技术资料的审查，记录审查过程数据，制作审查指导。

2. 当审查存在不合格项时，能规范填写“工作联系单”，与使用单位沟通，正确处理相关事项，指导使用单位完成整改。

3. 审查结束后，能规范填写“技术资料审查报告”“电梯基本信息表”，提交班组长验收。

4. 能在审查过程中，执行施工现场 6S 管理规定。

建议学时　12 学时

学习过程

一、实施使用登记资料审查

查阅资料，学习相关知识，完成使用登记资料审查，填写审查记录。

使用登记资料审查记录

项目及类别		审查内容与要求	审查过程及分析判定	审查结果
1 技术资料	1.4 使用资料 B	使用登记资料，内容与实物相符	（1）查阅受检电梯使用登记和使用注册登记表，记录以下数据： 1）使用登记证编号：________ 2）使用单位名称：________	

续表

项目及类别		审查内容与要求	审查过程及分析判定	审查结果
1 技术资料	1.4 使用资料 B	使用登记资料，内容与实物相符	3）设备使用地点：______ 4）设备种类：______ 5）设备类别：______ 6）设备品种：______ 7）单位内编号：______ 8）设备代码：______ 9）产品编号：______ 10）登记机关：______ 11）发证日期：______ （2）审查使用登记证中内容是否与受检电梯实物相符 □是 □否	□符合 □不符合

1．认识使用登记资料

查阅电梯相关安全技术规范，回答下列问题。

（1）《特种设备安全监察条例》第二十五条规定："特种设备在投入使用前或者投入使用后______日内，特种设备______应当向直辖市或者设区的市的特种设备安全监督管理部门______。登记标志应当置于或者附着于该特种设备的显著位置"。

（2）准予登记的特种设备，登记机关应当签发______。

（3）查阅《特种设备使用管理规则》（TSG 08—2017），简要说明电梯使用登记的概念。

（4）《特种设备使用管理规则》（TSG 08—2017）对电梯的使用登记做了哪些要求?

（5）特种设备使用登记证的发证机关是______。

特种设备使用登记证

编号：梯11滇C00591（18）

按照《中华人民共和国特种设备安全法》的规定，依据特种设备安全技术规范要求，予以使用登记。

使用单位名称：云南[illegible]有限公司
设备使用地点：[illegible]
设备种类：电梯　设备类别：曳引与强制驱动电梯
设备品种：曳引驱动乘客电梯　单位内编号：16-3#
设备代码：311053040220180[illegible]　产品编号：F8N9[illegible]

登记机关：玉溪市红塔区市场监督管理局
发证日期：2018 年 06 月 20 日

按照安全技术规范的要求，应当在定期检验确定的有效期内和技术参数范围内使用。

特种设备使用登记证

（6）使用登记资料和使用资料是否相同，为什么？

（7）阅读“使用登记资料审查记录”，写出使用登记资料审查的要点。

2．实施使用登记资料审查

结合前面对电梯使用登记资料的学习，按照检验内容与要求，完成电梯使用登记资料的审查，填写“使用登记资料审查记录”。审查过程中，用手机拍照或录像等手段记录审查过程和见证资料。

3．制作审查作业指导

制作使用登记资料审查作业指导（word 文档）。要求图文并茂，作业指导能通过图片或视频真实反映本项目的审查过程细节。

二、实施安全技术档案（制造资料）审查

查阅资料，学习相关知识，完成使用单位制造资料审查，填写审查记录。

使用单位制造资料审查记录

<table>
<tr><th colspan="2">项目及类别</th><th>审查内容与要求</th><th>审查过程及分析判定</th><th>审查结果</th></tr>
<tr><td>1
技术资料</td><td>1.1
制造资料
A</td><td>（1）制造许可证明文件，许可范围能够覆盖受检电梯的相应参数</td><td>（1）查阅电梯制造许可证明文件，并记录以下数据：
1）制造单位：________
2）许可证编号：________
3）级别：________
4）设备类别：________
5）设备品种：________
6）技术参数：________
7）有效期：________
（2）查阅受检电梯产品质量证明文件，记录以下数据：
1）制造单位：________
2）设备类别：________
3）设备品种：________
4）额定速度：________
5）额定载重量：________
6）出厂日期：________
（3）比对（1）和（2）中记录的数据，审查制造许可证明文件中设备品种和技术参数等是否覆盖受检电梯的相应参数
1）设备品种是否覆盖受检电梯 □是 □否
2）设备主要技术参数是否覆盖受检电梯 □是 □否
（4）比对（1）和（2）中记录的数据，审查受检电梯出厂日期是否在制造许可证明文件的有效期内 □是 □否
（5）审查制造许可证明文件是否盖有电梯整机制造单位的公章或者检验专用章以及制造日期；若为复印件，应盖有电梯整机制造单位的公章或者检验专用章 □是 □否</td><td>□符合
□不符合</td></tr>
</table>

续表

<table>
<tr><th colspan="2">项目及类别</th><th>审查内容与要求</th><th>审查过程及分析判定</th><th>审查结果</th></tr>
<tr><td rowspan="2">1
技术资料</td><td rowspan="2">1.1
制造资料
A</td><td>（2）电梯整机型式试验证书，其参数范围和配置表适用于受检电梯</td><td>（1）查阅电梯整机型式试验证书，记录以下数据：
1）制造单位：________
2）型式试验证书编号：________
3）产品名称：________
4）型号：________
5）额定速度：________
6）额定载重量：________
（2）查阅受检电梯产品质量证明文件，记录以下数据：
1）制造单位：________
2）设备名称：________
3）型号：________
4）额定速度：________
5）额定载重量：________
（3）比对（1）和（2）中记录的数据，审查电梯整机型式试验证书的参数范围和配置表是否适用于受检电梯
□是 □否
（4）所审查电梯整机型式试验证书若为复印件，是否盖有电梯整机制造单位的公章或者检验专用章 □是 □否</td><td>□符合
□不符合</td></tr>
<tr><td>（3）产品质量证明文件，注有制造许可证明文件编号、产品编号、主要技术参数，限速器、安全钳、缓冲器、含有电子元件的安全电路（如果有）、可编程电子安全相关系统（如果有）、轿厢上行超速保护装置（如果有）、轿厢意外移动保护装置、驱动主机、控制柜的型号和编号，门锁装置、层门和玻璃轿门（如果有）的型号，以及悬挂装置的名称、</td><td>（1）查阅受检电梯产品质量证明文件，应标注以下数据：
1）制造许可证明文件编号：________
2）产品编号：________
3）限速器型号：________
限速器编号：________
4）安全钳型号：________
安全钳编号：________
5）缓冲器型号：________
缓冲器编号：________
6）含有电子元件的安全电路型号：________
含有电子元件的安全电路编号：________
7）可编程电子安全相关系统型号：________
可编程电子安全相关系统编号：________
8）轿厢上行超速保护装置型号：________
轿厢上行超速保护装置编号：________</td><td>□符合
□不符合</td></tr>
</table>

续表

<table>
<tr><th colspan="2">项目及类别</th><th>审查内容与要求</th><th>审查过程及分析判定</th><th>审查结果</th></tr>
<tr><td rowspan="2">1
技术资料</td><td rowspan="2">1.1
制造资料
A</td><td>型号、主要参数（如直径、数量），并且有电梯整机制造单位的公章或者检验专用章以及制造日期</td><td>9）轿厢意外移动保护装置型号：________
轿厢意外移动保护装置编号：________
10）驱动主机型号：________
驱动主机编号：________
11）控制柜型号：________
控制柜编号：________
12）门锁装置型号：________
13）层门型号：________
14）玻璃轿门型号：________
15）悬挂装置名称：________
悬挂装置型号：________
悬挂装置主要参数：________
（2）核实产品质量证明文件标注的项目及内容是否齐全、完整 □是 □否
（3）核实产品质量证明文件标注内容是否与受检电梯实物一致 □是 □否
（4）核实产品质量证明文件是否盖有电梯整机制造单位的公章或者检验专用章以及制造日期；若为复印件，应盖有电梯整机制造单位的公章或者检验专用章 □是 □否</td><td></td></tr>
<tr><td>（4）门锁装置、限速器、安全钳、缓冲器、含有电子元件的安全电路（如果有）、可编程电子安全相关系统（如果有）、轿厢上行超速保护装置（如果有）、轿厢意外移动保护装置、驱动主机、控制柜、层门和玻璃轿门（如果有）的型式试验证书，以及限速器和渐进式安全钳的调试证书</td><td>（1）查阅各部件型式试验证书，记录以下数据：
1）门锁装置型式试验证书编号：________
2）限速器型式试验证书编号：________
3）安全钳型式试验证书编号：________
4）缓冲器型式试验证书编号：________
5）含有电子元件的安全电路型式试验证书编号：________
6）可编程电子安全相关系统型式试验证书编号：________
7）轿厢上行超速保护装置型式试验证书编号：________
8）轿厢意外移动保护装置型式试验证书编号：________
9）驱动主机型式试验证书编号：________</td><td>□符合
□不符合</td></tr>
</table>

续表

项目及类别		审查内容与要求	审查过程及分析判定	审查结果
1 技术资料	1.1 制造资料 A	（4）门锁装置、限速器、安全钳、缓冲器、含有电子元件的安全电路（如果有）、可编程电子安全相关系统（如果有）、轿厢上行超速保护装置（如果有）、轿厢意外移动保护装置、驱动主机、控制柜、层门和玻璃轿门（如果有）的型式试验证书，以及限速器和渐进式安全钳的调试证书	10）控制柜型式试验证书编号：____________________ 11）层门型式试验证书编号：__________ 12）玻璃轿门型式试验证书编号：__________________ 13）限速器调试证书编号：__________ 14）安全钳调试证书编号：__________ （2）审查各部件型式试验证书是否齐全、有效 □是 □否 （3）审查各部件型式试验证书的产品参数范围和配置表是否适用于受检电梯的相应部件实物 □是 □否 （4）审查上述文件若为复印件，核实是否盖有电梯整机制造单位的公章或者检验专用章 □是 □否	
		（5）电气原理图，包括动力电路和连接电气安全装置的电路	（1）核实是否提供了电气原理图，应包括动力电路和连接电气安全装置的电路 □是 □否 （2）电气原理图若为复印件，核实是否盖有电梯整机制造单位的公章或者检验专用章 □是 □否	□符合 □不符合
		（6）安装使用维护说明书，包括安装、使用、日常维护保养和应急救援等方面操作说明的内容	（1）核实是否配备了安装使用维护说明书，包括安装、使用、日常维护保养和应急救援等方面 □是 □否 （2）安装使用维护说明书若为复印件，核实是否盖有电梯整机制造单位的公章或者检验专用章 □是 □否	□符合 □不符合

1．认识电梯制造相关资料

（1）认识制造资料

查阅电梯安全技术规范，回答以下问题。

1）《特种设备安全监察条例》第十四条规定：“锅炉、压力容器、电梯、起重机械、客运索道、大型游乐设施及其安全附件、安全保护装置的制造、安装、改造单位，以及压力管道用管子、管件、阀门、法兰、补偿器、安全保护装置等（以下简称压力管道元件）的________________单位和场（厂）内专用机动车辆的制造、改造单位，应当经国务院特种设备安全监督管理部门________________，方可从事相应的活动”。

2）查阅《检验规则》，电梯的制造资料有哪些?

（2）认识电梯制造许可及许可证

通过互联网检索或查阅相关资料，参考下图示例，观察电梯制造许可证中各项内容，回答下列问题。

中华人民共和国
特种设备制造许可证
Manufacture License of Special Equipment
People's Republic of China
（电梯）

编号：TS2310011-2020

单位名称：杭州新马电梯有限公司
制造地址：浙江省杭州市建德市新安江镇东区
经审查，获准从事下列电梯的制造：

级别	类别	品种	备注
A级	曳引与强制驱动电梯	曳引驱动乘客电梯	限无机房客梯：V≤1.75m/s
			限曳引式客梯：V≤3.0m/s
B级			限病床电梯：V≤1.75m/s
			限观光电梯：V≤1.75m/s
		曳引驱动载货电梯	限曳引式货梯：Q≤10000kg
			限无机房货梯：Q≤5000kg
			限汽车电梯：Q≤10000kg
C级	其它类型电梯	杂物电梯	Q≤250kg
B级		自动扶梯	H≤8.5m
		自动人行道	L≤39.0m

审批机关：国家质量监督检验检疫总局　　发证机关：
有效期至：2020年11月6日　　发证日期：2016年11月7日

国家质量监督检验检疫总局制

电梯制造许可证

1）________________________________单位应取得电梯制造许可证。

2）电梯制造许可证的发证机关是________________________________。

3）图示电梯制造许可证的有效期为________________。

4）图示电梯制造许可证的级别为__________级。

5）根据《机电类特种设备制造许可规则（试行）》的规定，按等级划分，电梯制造许可证级别分为________、________、________三个级别。

6）除图示电梯制造许可证中的电梯类别和品种外，电梯还有哪些类别和品种？查阅《特种设备目录》，补充完善下表内容。

特种设备目录（电梯）

<table>
<tr><th>种类</th><th>类别</th><th>品种</th></tr>
<tr><td rowspan="10">电梯</td><td rowspan="3">曳引与强制驱动电梯</td><td></td></tr>
<tr><td></td></tr>
<tr><td></td></tr>
<tr><td rowspan="2">液压驱动电梯</td><td></td></tr>
<tr><td></td></tr>
<tr><td rowspan="2">自动扶梯与自动人行道</td><td></td></tr>
<tr><td></td></tr>
<tr><td rowspan="3">其他类型电梯</td><td></td></tr>
<tr><td></td></tr>
<tr><td></td></tr>
</table>

7）图示电梯制造许可证中，对曳引驱动乘客电梯做了哪些限定？

8）阅读“使用单位制造资料审查记录”中制造许可相关检验内容和要求，简要说明电梯制造许可证的审查要点。

（3）认识电梯整机型式试验证书

查阅特种设备安全技术规范及相关资料，回答下列问题。

1）《中华人民共和国特种设备安全法》第二十条规定：“特种设备产品、部件或者试制的特种设备新产品、新部件以及特种设备采用的新材料，按照安全技术规范的要求需要通过型式试验进行________________验证的，应当经负责特种设备安全监督管理的部门核准的检验机构进行型式试验。”

2）《电梯型式试验规则》（TSG T7007—2016）（含修改单）中规定的电梯型式试验指什么？

3）按照《电梯型式试验规则》（TSG T7007—2016）（含修改单）的规定，哪些电梯整机或部件需要进行型式试验？

4）《电梯型式试验规则》（TSG T7007—2016）（含修改单）中规定：“型式试验工作完成后，型式试验机构应当在15个工作日内向申请单位出具________________。型式试验合格的，型式试验机构还应当出具《特种设备型式试验证书（电梯）》（以下简称型式试验证书），型式试验证书上应当给出根据申请单位的适用范围以及适用产品技术资料审查情况所确定的________________。”

5）观察下图所示电梯整机的特种设备型式试验证书中各项内容，回答下列问题。

特种设备型式试验证书
（电梯）

证书编号：TSX 311001420180056

申请单位名称：西子电梯科技有限公司
申请单位注册地址：浙江省杭州市临安市青山湖街道科技大道2329号
制造单位名称：西子电梯科技有限公司
制造单位注册地址：浙江省杭州市临安市青山湖街道科技大道2329号
设备类别：曳引与强制驱动电梯
设备品种：曳引驱动乘客电梯
产品名称：曳引式客梯
产品型号：UN-Victor
型式试验报告编号：T3-311-11-033、T14-3110-17-200、T14-3110-18-056

经型式试验，确认该样机符合 TSG T7007—2016《电梯型式试验规则》及 GB 7588—2003+XG1—2015 的规定。

本证书适用的产品型号：UN-Victor、UN-Victor（Ⅰ）、UN-Victor（Ⅱ）、UN-Victor（C）、UN-Victor（D）、UN-Victor（E）、UN-Victor（T）、UN-Victor（R）。

本证书适用的产品参数范围和配置见附件。

发证日期：2018 年 03 月 26 日

NETEC　国家电梯质量监督检验中心

注：申请单位有责任保证产品符合安全技术规范及相关标准规定，以及与型式试验样机的一致性。

证书编号：TSX 311■■■■180056

附件

曳引驱动乘客电梯适用参数范围和配置表

额定速度	≤2.50m/s	额定载重量	≤1600kg
调速方式	交流变频调速	调速装置制造单位名称	■■■梯科技有限公司
驱动方式	曳引驱动	控制装置制造单位名称	■■■梯科技有限公司
驱动主机布置方式	上置机房内	驱动主机制造单位名称	■■■梯科技有限公司 浙江■■■沃德电机有限公司
悬挂比（绕绳比）	2:1	绕绳方式	单绕
轿厢悬吊方式	顶吊式	轿厢导轨列数	≥2 列
轿厢数量	单轿厢	控制柜布置区域	机房内
轿厢上行超速保护装置型式	曳引机制动器式	轿厢意外移动保护装置型式	曳引机制动器式
工作环境	室内	多轿厢之间的[illegible]方式	/
设备保护级别	/	特殊用途产品	/
PESSRAL 型号	/	PESSRAL 制造单位名称	/
PESSRAL 功能	/		

发证日期：2018 年 03 月 26 日

电梯整机的特种设备、型式试验证书

①图示特种设备型式试验证书的编号是________________________________。

②图示特种设备型式试验证书的型式试验机构是____________________________。

③图示特种设备型式试验证书对曳引驱动乘客电梯参数范围等做了哪些限定?

6）阅读“使用单位制造资料审查记录”中整机型式试验相关检验内容和要求，简要说明电梯整机的特种设备型式试验证书的审查要点。

（4）认识电梯产品质量证明文件

查阅相关电梯资料，回答下列问题。

1）通过互联网检索或查阅相关资料，简述产品质量证明文件的作用。

2）阅读“使用单位制造资料审查记录”中产品质量证明文件相关检验内容和要求，结合下图所示电梯产品合格证实例，简要说明电梯产品质量证明文件的审查要点和方法。

产品合格证

PRODUCTS QUALITY CERTIFICATE

产品检验结论

本产品根据

- GB/T 10058-2009《电梯技术条件》
- GB 7588-2003《电梯制造与安装安全规范》
- GB 7588-2003《电梯制造与安装安全规范》国家标准第1号修改单
- Q/HU 1102-2009 《乘客电梯》
- 《电梯监督检验和定期检验规则——曳引与强制驱动电梯》(TSG T7001-2009，2013年第1次修改)第2号修改单

检验合格，准予出厂。

检 验 员：检 01　　品质部长：印

制造单位名称：　电梯科技有限公司

制造许可证编号：TS23　　-2021

制造许可证有效期至：2021年7月13日

制造地址：中国浙江省杭州市　　湖街道科技大道2329号

邮编：311300　电话：400-　112

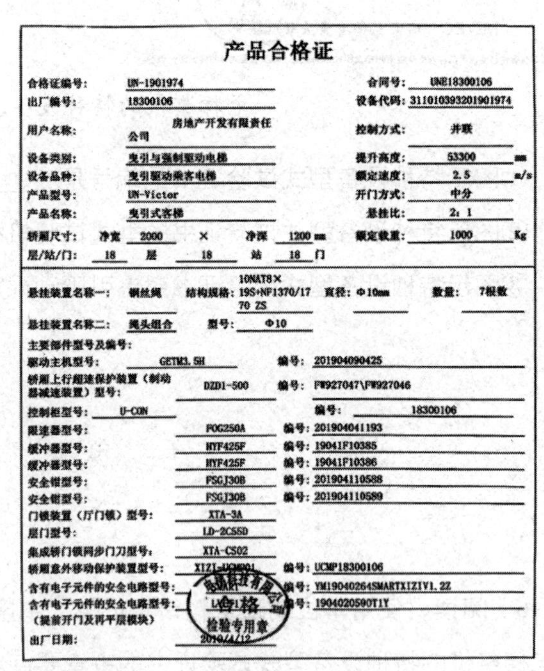

产品合格证

合格证编号：UN-1901974　　合同号：UNE18300106

出厂编号：18300106　　设备代码：31101039320190l974

用户名称：房地产开发有限责任公司　　控制方式：并联

设备类别：曳引与强制驱动电梯　　提升高度：53300 mm

设备品种：曳引驱动乘客电梯　　额定速度：2.5 m/s

产品型号：UN-Victor　　开门方式：中分

产品名称：曳引式客梯　　悬挂比：2:1

轿厢尺寸：净宽 2000 × 净深 1200 mm　　额定载重：1000 Kg

层/站/门：18 层 18 站 18 门

悬挂装置名称一：钢丝绳　结构规格：10NAT8×19S+NF1370/1770 ZS　直径：Φ10mm　数量：7根数

悬挂装置名称二：绳头组合　型号：Φ10

主要部件型号及编号：

驱动主机型号：GETM3.5H　编号：201904090425

轿厢上行超速保护装置（制动器减速装置）型号：DZD1-500　编号：FW927047\FW927046

控制柜型号：U-CON　编号：18300106

限速器型号：POG250A　编号：201904041193

缓冲器型号：HYF425F　编号：19041F10385

缓冲器型号：HYF425F　编号：19041F10386

安全钳型号：FSGJ30B　编号：201904110588

安全钳型号：FSGJ30B　编号：201904110589

门锁装置（厅门锁）型号：XTA-3A

层门型号：LD-2CS5D

集成轿门锁同步门刀型号：XTA-CS02

轿厢意外移动保护装置型号：XIZI-UCMP01　编号：UCMP18300106

含有电子元件的安全电路型号：SMART　编号：YM19040264SMARTXIZIV1.2Z

含有电子元件的安全电路型号（提前开门及再平层模块）：LA…1　编号：1904020590T1Y

出厂日期：2019/4/12

（印章：合格 检验专用章）

电梯产品合格证

（5）认识主要部件的型式试验证书和调试证书

1）按照《检验规则》中“1.1 制造资料 A”的规定，电梯制造单位应提供哪些部件的型式试验证书及调试证书？

2）阅读“使用单位制造资料审查记录”中主要部件型式试验相关检验内容和要求，结合下图所示实例，简要说明电梯主要部件的型式试验证书和调试证书的审查要点。

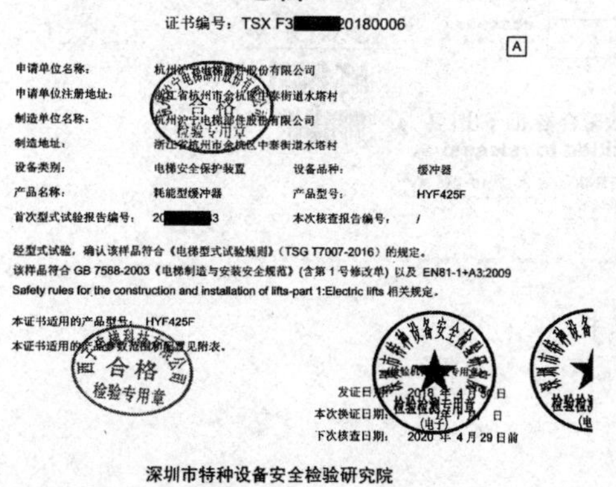

特种设备型式试验证书
（电梯）

证书编号：TSX F3■■■20180006

A

申请单位名称：杭州沪宁电梯部件股份有限公司
申请单位注册地址：浙江省杭州市余杭区中泰街道水塔村
制造单位名称：杭州沪宁电梯部件股份有限公司
制造地址：浙江省杭州市余杭区中泰街道水塔村
设备类别：电梯安全保护装置　　设备品种：缓冲器
产品名称：耗能型缓冲器　　产品型号：HYF425F
首次型式试验报告编号：20■■■3　　本次核查报告编号：/

经型式试验，确认该样品符合《电梯型式试验规则》（TSG T7007-2016）的规定。
该样品符合 GB 7588-2003《电梯制造与安装安全规范》（含第 1 号修改单）以及 EN81-1+A3:2009 Safety rules for the construction and installation of lifts-part 1:Electric lifts 相关规定。

本证书适用的产品型号：HYF425F
本证书适用的产品参数范围和配置见附表。

发证日期：2018 年 4 月 30 日
本次换证日期：　年　月　日
下次核查日期：2020 年 4 月 29 日前

深圳市特种设备安全检验研究院
广东省质量监督电梯检验站（深圳）

注：1.申请单位有责任保证产品符合安全技术规范和标准的规定，以及与型式试验样品的一致性；
2.本证书不适用于下次核查日期后制造出厂的部件产品。

SISE 深圳市特种设备安全检验研究院　2015190143Z　中国认可 国际互认 检测 TESTING CNAS L0916

特种设备型式试验证书附表（电梯）

证书编号	TSX F33003820180006		
设备品种	缓冲器		
产品名称	耗能型缓冲器	产品型号	HYF425F
额定速度	≤2.5m/s	最大撞击速度	2.88m/s
最小允许质量	860kg	最大允许质量	3500kg
最大缓冲行程	428mm	液体规格和容量	ISO VG46(L-HM46 或 L-HV46 或 L-BP46) 1.20L
节流方式	环形缝隙节流	复位方式	外部上置弹簧复位
工作环境	室内		/

型式试验证书（耗能型缓冲器）

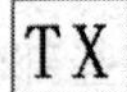

特 种 设 备

型式试验合格证

No. TX F320-027-16 0004

申请单位名称及地址：西子优耐德电梯有限公司
浙江省杭州市临安市青山湖街道科技大道2329号

制造单位名称及地址：西子优耐德电梯有限公司
浙江省杭州市临安市青山湖街道科技大道2329号

产品名称（设备型式）：渐进式安全钳

型号规格：FSGJ30B

申请允许质量范围(kg)：900～3200

额定速度范围(m/s)：0.25～2.5

产品配置：见附件

型式试验报告编号：TX F320-027-16 0004

本证所阐述的结论覆盖以下型号规格产品（产品配置不变）：/

经型式试验，确认该产品符合《电梯型式试验规则》（2012稿）、GB7588-2003和EN81-1:1998的规定。

发证日期：2016-06-29

浙江省特种设备检验研究院

国家电梯产品质量监督检验中心（浙江）

注：1.本证是对所明确覆盖范围内设备型式的确认，仅对样品本身试验时的合格与否负责；
2.证书持有者有责任保证产品符合标准规定和保证产品与型式试验样品的一致性。
3.本证书如有更改，证书有效期仍从发证日期起算。

浙江省特种设备检验研究院

国家电梯产品质量监督检验中心（浙江）

No. TX F320-027-16 0004

附件

安全钳产品配置表

结构型式	U形板簧单提拉单楔块		
申请允许质量(kg)	900～3200		
额定速度(m/s)	0.25～2.5	限速器动作速度(m/s)	0.29m/s～3.23m/s
导轨加工方式	机械加工	导轨导向面宽度(mm)	10、15.88、16
导轨表面状况	少量润滑	导轨表面硬度(HB)	≤ 140
实际使用质量范围	对于给定的电梯，安装的质量范围是 850kg ～ 3671kg		

特种设备型式试验证书（渐进式安全钳）

XIZI 西子电梯

西子电梯科技有限公司 安全钳最终调试证书

XIZI ELEVATOR CO., LTD.

Final Debugging Certificate of Progressive Safety Gear

合同号/定单号 Contract/Order NO	产品型号 Model NO	P+Q	速度 m/s Speed	导轨厚度 Width of rail	出厂编号 Product NO
UNE16300127	FSGJ30B	2300 kg	0.25≤V≤2.5	15.88,16 mm	20171023556
U簧编号 No of U-spring	YD17CA23953I	要求活动楔块最小间隙 Space of wedge(min)		11.5 ±0.1mm	
U簧规格 Specication of U-spring	10×70×88.5	要求综合正压力 comprehensive pressure		40509N±5%	
活动楔块组件件号 Sliding wedge	XF4011921002	实测楔块调整垫片高度 Measured Length of wedge adjusting sleeve		9.22 mm	
活动楔块最大间距 Space of wedge(Max)	23(0/+1) mm	生产日期Date		2017-10-24	

产品合格证

Qualification certificate of product

产品名称Name：渐进式安全钳 Progressive safety gear

产品型号Model：FSGJ30B

出厂编号No：20171023556

主要参数Main technical indexes：

允许总质量 P+Q：2300 kg

电梯额定速度 speed：0.25≤V≤2.5 m/s

适用导轨宽度 Width of rail：15.88,16 mm

限速器动作速度：action speed 0.28≤V≤3.23 m/s

FSGJ30B

20171023556

按照产品技术要求,本产品经检验合格,准予出厂!

After inspection It is permitted to release!

检验员Inspection：匡文武　　出厂日期Date：2017-10-24

地址：浙江省杭州市临安市青山湖街道科技大道2329号 311305 AD:No.2329, Sci-tech Av., Lin'an Economic development zone, Hangzhou, Zhejiang 311305联系电话：0571-87688768TEL：0571-87688768

安全钳调试证书

（6）认识电气原理图和安装使用维护说明书

查阅《检验规则》，回答下列问题。

1）制造单位提供的电气原理图，应包括动力电路和____________________电路。

2）制造单位提供的安装使用维护说明书，应包括________________、日常维护保养和____________________________________等方面操作说明的内容。

3）电梯制造单位提供的制造资料，如为复印件则必须经____________________________单位加盖公章或者检验专用章；对于进口电梯，应加盖______________________________的公章或者检验专用章。

4）阅读“使用单位制造资料审查记录”中电气原理图和安装使用维护说明书的相关检验内容和要求，简要说明电气原理图和安装使用维护说明书的审查要点。

2．实施制造资料审查

结合前面对电梯制造资料的学习，按照检验内容与要求，完成电梯制造资料的审查，填写“使用单位制造资料审查记录”。审查过程中，用手机拍照或录像等手段记录审查过程和见证资料。

3．制作审查作业指导

制作电梯制造资料审查作业指导（word 文档）。要求图文并茂，作业指导能以图片或视频真实反映本项目的审查过程细节。

三、实施安全技术档案（安装资料）审查

查阅资料，学习相关知识，完成使用单位安装资料审查，填写审查记录。

使用单位安装资料审查记录

项目及类别		审查内容与要求	审查过程及分析判定	审查结果
1 技术资料	1.2 安装资料 A	（1）安装许可证明文件和安装告知书，许可证范围能够覆盖受检电梯的相应参数	（1）查阅电梯安装许可证明文件，记录以下数据： 1）安装许可证明文件编号：____________________ ____________________ 2）安装单位：____________________ ____________________	

续表

<table>
<tr><th colspan="2">项目及类别</th><th>审查内容与要求</th><th>审查过程及分析判定</th><th>审查结果</th></tr>
<tr><td rowspan="2">1
技术资料</td><td rowspan="2">1.2
安装资料
A</td><td>（1）安装许可证明文件和安装告知书，许可证范围能够覆盖受检电梯的相应参数</td><td>3）设备类型：
4）设备品种：
5）施工类别：
6）施工等级：
7）技术参数：
8）有效期：
（2）查阅受检电梯产品质量文件，记录以下数据：
1）设备型号：
2）产品编号：
3）设备类别：
4）设备品种：
5）额定速度：
6）额定载重量：
（3）比对（1）和（2）中记录的数据，核实安装许可证明文件中的设备品种、施工类别和技术参数是否覆盖受检电梯的相应参数：
1）安装许可证明文件中施工类别是否覆盖电梯安装施工类别 □是 □否
2）安装许可证明文件中设备品种是否覆盖所安装电梯设备品种 □是 □否
3）安装许可证明文件中技术参数是否覆盖所安装电梯主要技术参数 □是 □否
（4）审查安装告知文件的告知项目和内容是否与受检电梯一致 □是 □否</td><td>□符合
□不符合</td></tr>
<tr><td>（2）施工方案，审批手续齐全</td><td>（1）审查施工方案的编制、审核、批准手续是否齐全，有相关责任人员签字 □是 □否
编制人：
审核人：</td><td></td></tr>
</table>

续表

项目及类别		审查内容与要求	审查过程及分析判定	审查结果
1 技术 资料	1.2 安装 资料 A	（2）施工方案，审批手续齐全	批准人：________ （2）审查施工方案是否有批准日期和施工单位的公章 □是 □否 批准日期：________	□符合 □不符合
		（3）用于安装该电梯的机房（机器设备间）、井道的布置图或者土建工程勘测图，有安装单位确认符合要求的声明和公章或者检验专用章，表明其通道、通道门、井道顶部空间、底坑空间、楼层间距、井道内防护、安全距离、井道下方人可以到达的空间等满足安全要求	审查机房（机器设备间）、井道的布置图或者土建勘测图是否有安装单位确认符合要求的声明和公章或者检验专用章 □是 □否	□符合 □不符合
		（4）施工过程记录和由电梯整机制造单位出具或者确认的自检报告，检查和试验项目齐全、内容完整，施工和验收手续齐全	（1）审查施工过程记录中各检查和试验的项目设置是否齐全、内容是否完整，施工和验收手续是否齐全 □是 □否 （2）审查自检报告是否由整机制造单位出具或者确认，各检查和试验的项目设置是否齐全、内容是否完整，施工和验收手续是否齐全 □是 □否	□符合 □不符合
		（5）变更设计证明文件（如安装中变更设计时），履行了由使用单位提出、经整机制造单位同意的程序	审查安装过程中是否有变更设计证明文件；如有，则查验是否履行了由使用单位提出、经整机制造单位同意的程序 □是 □否	□符合 □不符合
		（6）安装质量证明文件，包括电梯安装合同编号、安装单位安装许可证明文件编号、产品编号、主要技术参数等内容，并且有安装单位公章或者检验专用章以及竣工日期	（1）审查是否提供安装质量证明文件，应包括电梯安装合同编号、安装单位安装许可证编号、产品出厂编号、主要技术参数等内容 □是 □否 1）安装合同编号：________ 2）安装许可证编号：________ 3）产品出厂编号：________ 4）主要技术参数：________ （2）审查安装质量证明文件上是否有安装单位公章或者检验专用章以及竣工日期 □是 □否 1）安装单位：________ 2）竣工日期：________	□符合 □不符合

1．认识安装资料

（1）认识安装许可证明文件和安装告知书

查阅电梯安全技术规范和相关资料，结合下图所示电梯安装改造维修许可证，回答下列问题。

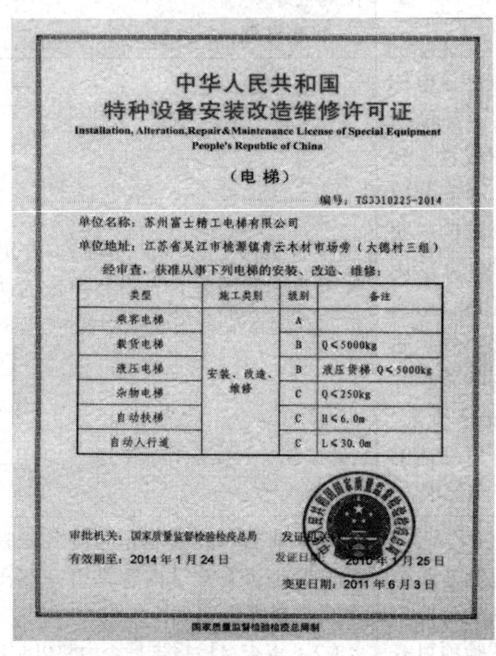

中华人民共和国
特种设备安装改造维修许可证
Installation, Alteration,Repair&Maintenance License of Special Equipment
People's Republic of China

（电梯）

编号：TS3310225-2014

单位名称：苏州富士精工电梯有限公司

单位地址：江苏省吴江市桃源镇青云木材市场旁（大德村三组）

经审查，获准从事下列电梯的安装、改造、维修：

类型	施工类别	级别	备注
乘客电梯	安装、改造、维修	A	
载货电梯		B	Q≤5000kg
液压电梯		B	液压货梯 Q≤5000kg
杂物电梯		C	Q≤250kg
自动扶梯		C	H≤6.0m
自动人行道		C	L≤30.0m

审批机关：国家质量监督检验检疫总局

有效期至：2014年1月24日

发证日期：2010年1月25日

变更日期：2011年6月3日

国家质量监督检验检疫总局制

电梯安装改造维修许可证

1）《中华人民共和国特种设备安全法》第二十二条规定：“电梯的________、改造、维修，必须由电梯制造单位或者其委托的依照本法取得________的单位进行。”

2）该电梯取证单位可施工的电梯类型有哪些？

3）该电梯取证单位可施工的施工类别有__________________、__________________、__________________三类。

4）该电梯取证单位的载货电梯施工等级为______________，可进行额定载重量不大于__________________________的载货电梯的安装、改造和维修施工。

5）根据规范规定，电梯施工等级划分为哪几个级别？各施工等级有什么区别？

6）电梯安装、改造、维修许可证的发证机关是____________________。

7）该许可证的有效期为____________。

8）该电梯取证单位能否进行电梯改造的施工？为什么？

9）《中华人民共和国特种设备安全法》第二十三条规定：“特种设备安装、改造、修理的施工单位应当在____________将拟进行的特种设备安装、改造、修理情况____________告知直辖市或者设区的市级人民政府负责特种设备安全监督管理的部门。”

10）阅读“使用单位安装资料审查记录”中相关审查内容和要求，结合下图所示特种设备安装改造维修告知单实例，简要说明安装许可证明文件和安装告知书的审查要点。

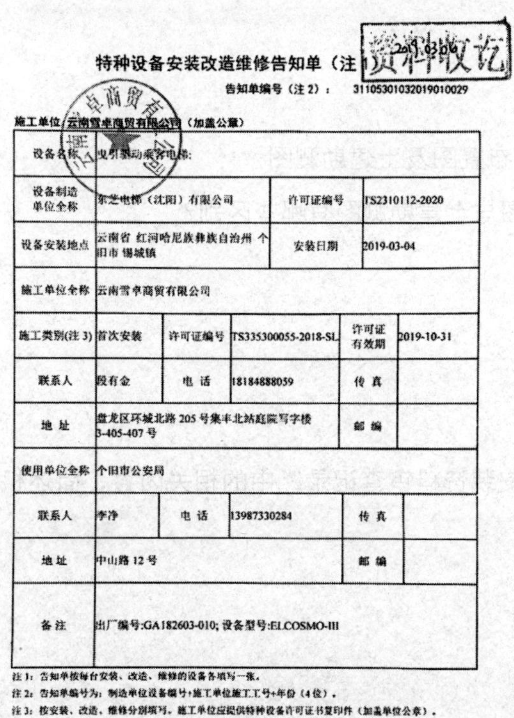

特种设备安装改造维修告知单（注1）

资料收讫 2019.03.06

告知单编号（注2）： 31105301032019010029

施工单位：云南雪卓商贸有限公司（加盖公章）

设备名称	曳引驱动乘客电梯:				
设备制造单位全称	东芝电梯（沈阳）有限公司		许可证编号	TS2310112-2020	
设备安装地点	云南省 红河哈尼族彝族自治州 个旧市 锡城镇		安装日期	2019-03-04	
施工单位全称	云南雪卓商贸有限公司				
施工类别(注3)	首次安装	许可证编号	TS335300055-2018-SL	许可证有效期	2019-10-31
联系人	段有金	电 话	18184888059	传 真	
地 址	盘龙区环城北路205号集丰北站庭院写字楼3-405-407号			邮 编	
使用单位全称	个旧市公安局				
联系人	李净	电 话	13987330284	传 真	
地 址	中山路12号			邮 编	
备 注	出厂编号:GA182603-010; 设备型号:ELCOSMO-III				

注1：告知单按每台安装、改造、维修的设备各填写一张。

注2：告知单编号为：制造单位设备编号+施工单位施工工号+年份（4位）。

注3：按安装、改造、维修分别填写。施工单位应提供特种设备许可证书复印件（加盖单位公章）。

特种设备安装改造维修告知单

（2）认识施工方案

1）什么是施工方案？电梯的施工方案一般包括哪些内容？

2）阅读“使用单位安装资料审查记录”中的相关内容，简述施工方案的审查要点。

（3）认识机房、井道布置图及土建勘测图

1）机房、井道布置图与土建勘测图有哪些区别？

2）阅读“使用单位安装资料审查记录”中的相关内容，简述机房、井道布置图和土建勘测图的审查要点。

（4）认识施工过程记录和自检报告

1）走访电梯安装单位，列举电梯安装的施工过程记录明细，制作 word 文档。

2）电梯安装竣工时，自检报告由________________单位出具或确认。

3）阅读“使用单位安装资料审查记录”中的相关内容，简述施工过程记录的审查要点。

4）阅读“使用单位安装资料审查记录”中的相关内容，简述自检报告的审查要点。

（5）变更设计证明文件

1）在《检验规则》中，若电梯安装中变更设计时，应有变更设计证明文件，且履行了由__________单位提出，经__________单位同意的程序。

2）阅读“使用单位安装资料审查记录”中的相关内容，简述变更设计证明文件的审查要点。

（6）安装质量证明文件

1）在《检验规则》中，对电梯安装质量证明文件的内容提出了哪些要求?

2）电梯安装单位出具的安装质量证明文件应有________________单位公章或者检验专用章以及________日期。

3）阅读“使用单位安装资料审查记录”中的相关内容，简述安装质量证明文件的审查要点。

2．实施安装资料审查

结合前面对电梯安装资料的学习，按照检验内容与要求，完成电梯安装资料的审查，填写“使用单位安装资料审查记录”。审查过程中，用手机拍照或录像等手段记录审查过程和见证资料。

3．制作审查作业指导

制作电梯安装资料审查作业指导（word 文档）。要求图文并茂，作业指导能以图片或视频真实反映本项目的审查过程细节。

四、实施安全技术档案（改造、重大维修资料）审查

查阅资料，学习相关知识，完成使用单位改造、重大维修资料审查，填写审查记录。

使用单位改造、重大维修资料审查记录

项目及类别		审查内容与要求	审查过程及分析判定	审查结果
1 技术资料	1.3 改造、重大维修资料 A	（1）改造或者维修许可证明文件和改造或者重大维修告知书，许可范围能够覆盖受检电梯的相应参数	（1）查阅改造或者维修许可证明文件，记录数据： 1）改造或者重大维修许可证明文件编号： 2）改造或者重大维修单位： 3）设备类型： 4）设备品种： 5）施工类别： 6）施工等级： 7）技术参数： 8）有效期： （2）查阅受检电梯产品质量文件，记录以下数据： 1）规格型号： 2）产品编号： 3）设备类别： 4）设备品种： 5）额定速度： 6）额定载重量： （3）比对（1）和（2）中记录的数据，核实改造或重大维修许可证明文件中的设备品种、施工类别和电梯技术参数，应覆盖受检电梯的相应参数： 1）改造或重大维修许可证明文件中施工类别是否具备电梯改造施工类别 □是 □否 2）改造或重大维修许可证明文件中设备品种是否覆盖所改造电梯设备品种 □是 □否 3）改造或重大维修许可证明文件中的技术参数是否覆盖所改造电梯主要技术参数 □是 □否	□符合 □不符合

续表

<table>
<tr><th colspan="2">项目及类别</th><th>审查内容与要求</th><th>审查过程及分析判定</th><th>审查结果</th></tr>
<tr><td rowspan="3">1
技术资料</td><td rowspan="3">1.3
改造、重大维修资料
A</td><td>（1）改造或者维修许可证明文件和改造或者重大维修告知书，许可范围能够覆盖受检电梯的相应参数</td><td>（4）审查受检电梯改造或重大维修日期，应在改造或者重大维修许可证明文件有效期内
改造或重大维修日期：______________
（5）审查改造或重大维修告知文件的告知项目和内容，是否与改造电梯实物一致
改造或者重大维修告知文件编号：__________ □是 □否
（6）审查许可证明文件和告知书是否盖有改造或重大维修单位公章或者检验专用章 □是 □否</td><td></td></tr>
<tr><td>（2）改造或者重大维修的清单以及施工方案，施工方案的审批手续齐全</td><td>（1）审查是否具有改造或者重大维修项目的清单，且清单中应至少有拟更换的主要零部件的型号、数量、生产厂家等内容 □是 □否
（2）审查施工方案中是否有本次施工作业的内容以及与此内容相关联的其他项目 □是 □否
（3）审查施工方案的编制、审核、批准人员手续是否完整、齐全，应有批准日期
批准日期：______________
□是 □否
（4）审查施工方案是否盖有改造或者重大维修单位公章或检验专用章 □是 □否</td><td>□符合
□不符合</td></tr>
<tr><td>（3）加装或者更换的安全保护装置或者主要部件产品质量证明文件、型式试验证书以及限速器和渐进式安全钳的调试证书（如发生更换）</td><td>（1）审查加装或者更换的安全保护或者主要部件是否具有产品质量证明文件、型式试验证书 □是 □否
1）产品质量文件编号：______________
2）型式试验证书编号：______________
（2）审查加装或者更换的限速器和渐进式安全钳是否具有调试证书
□是 □否
1）限速器调试证书编号：______________
2）渐进式安全钳调试证书编号：______________
（3）审查上述文件是否盖有改造或者重大维修单位公章或检验专用章 □是 □否</td><td>□符合
□不符合</td></tr>
</table>

续表

<table>
<tr><th colspan="2">项目及类别</th><th>审查内容与要求</th><th>审查过程及分析判定</th><th>审查结果</th></tr>
<tr><td rowspan="3">1
技术资料</td><td rowspan="3">1.3
改造、重大维修资料
A</td><td>（4）拟加装的自动救援操作装置、能量回馈节能装置、IC卡系统的下述资料（属于改造时）：
1）加装方案（含电气原理图和接线图）
2）产品质量证明文件，标明产品型号、产品编号、主要技术参数，并且有产品制造单位的公章或者检验专用章以及制造日期
3）安装使用维护说明书，包括安装、使用、日常维护保养以及与应急救援操作方面有关的说明</td><td>（1）审查拟加装的自动救援操作装置、能量回馈节能装置、IC卡系统是否具有加装方案（电气原理图和接线图），且加装方案审批手续齐全 □是 □否
（2）审查拟加装的自动救援操作装置、能量回馈节能装置、IC卡系统是否具有质量证明文件，且有产品制造单位的公章或者检验专用章以及制造日期 □是 □否
1）产品名称：________
2）产品型号：________
3）产品编号：________
4）主要技术参数：________
____
____
（3）审查拟加装的自动救援操作装置、能量回馈节能装置、IC卡系统是否具有安装使用维护说明书，包括安装、使用、日常维护保养以及与应急救援操作方面有关的说明 □是 □否
（4）审查上述文件是否盖有改造或者重大维修单位公章或检验专用章 □是 □否</td><td>□符合
□不符合</td></tr>
<tr><td>（5）施工过程记录和自检报告，检查和试验项目齐全、内容完整，施工和验收手续齐全</td><td>（1）审查施工过程记录的检查和试验项目是否齐全、内容是否完整，施工和验收手续是否齐全 □是 □否
（2）审查自检报告的检查和试验项目是否齐全、内容是否完整，施工和验收手续是否齐全 □是 □否
（3）审查上述文件是否盖有改造或者重大维修单位公章或检验专用章 □是 □否</td><td>□符合
□不符合</td></tr>
<tr><td>（6）改造或重大维修质量证明文件，包括电梯的改造或者重大维修合同编号、改造或者重大维修单位的许可证明文件编号、电梯使用登记编号、主要技术参数等内容，并且有改造</td><td>（1）审查改造或者重大维修质量证明文件中是否包括了电梯改造或者重大维修的合同编号、改造或者重大维修单位的许可证明文件编号、电梯使用登记编号、主要技术参数等内容 □是 □否
1）重大维修合同编号：________
2）改造或者重大维修许可证明文件编号：___
________</td><td></td></tr>
</table>

续表

项目及类别		审查内容与要求	审查过程及分析判定	审查结果
1 技术资料	1.3 改造、重大维修资料 A	或者重大维修单位的公章或者检验专用章以及竣工日期	3）使用登记编号：________ 4）主要技术参数：________ （2）审查该证明文件上是否有改造或重大维修单位公章或者检验专用章以及竣工日期 □是 □否 1）改造或者重大维修单位：________ 2）竣工日期：________	□符合 □不符合
		注：上述文件如为复印件，则必须经改造或重大维修单位加盖公章或者检验专用章		

1．认识改造、重大维修资料

（1）简述电梯改造的概念。

（2）简述电梯维修的概念。

（3）电梯维修分为____________和____________两类。

（4）电梯重大维修和一般维修有哪些区别?

（5）查阅电梯规范，如何确定哪些施工内容属于改造的内容?

（6）查阅电梯规范，如何确定哪些施工内容属于重大维修的内容？

（7）阅读“使用单位改造、重大维修资料审查记录”中相关检验内容和要求，简要说明改造资料审查的要点。

（8）阅读“使用单位改造、重大维修资料审查记录”中相关检验内容和要求，简要说明重大维修资料审查的要点。

2．实施改造、重大维修资料审查

结合前面对电梯改造、重大维修资料的学习，按照检验内容与要求，完成电梯改造、重大维修资料的审查，填写“使用单位电梯改造、重大维修资料审查记录”。审查过程中，用手机拍照或录像等手段记录审查过程和见证资料。

3．制作审查作业指导

制作电梯改造、重大维修资料审查作业指导（word 文档）。要求图文并茂，作业指导能以图片或视频真实反映本项目的审查过程细节。

五、实施安全技术档案（其他资料）审查

查阅资料，学习相关知识，完成使用单位安全技术档案其他资料审查，填写审查记录。

使用单位安全技术档案其他资料审查记录

<table>
<tr><th colspan="2">项目及类别</th><th>审查内容与要求</th><th>审查过程及分析判定</th><th>审查结果</th></tr>
<tr><td rowspan="5">1
技术
资料</td><td rowspan="5">1.4
技术
资料
B</td><td>（1）监督检验报告</td><td>（1）查阅电梯监督检验报告，记录以下数据：
1）监督检验机构：______
2）报告编号：______
3）监检日期：______
（2）查阅监督检验报告，核实报告中的有关内容是否与受检电梯一致 □是 □否</td><td>□符合
□不符合</td></tr>
<tr><td>（2）定期检验报告</td><td>（1）查阅电梯定期检验报告，记录以下数据：
1）定期检验机构：______
2）报告编号：______
3）定检日期：______
（2）查阅监督检验报告，核实报告中的有关内容是否与受检电梯一致 □是 □否</td><td>□符合
□不符合</td></tr>
<tr><td>（3）日常检查与使用状况记录</td><td>（1）审查日常检查与使用状况记录是否完整、有效 □是 □否
（2）审查日常检查与使用状况记录是否经有关人员签字 □是 □否</td><td>□符合
□不符合</td></tr>
<tr><td>（4）日常维护保养记录</td><td>（1）根据TSG T5002—2017的规定，审查是否按要求定期实施了保养，保养记录应有效，保养项目和内容应齐全、完整 □是 □否
（2）审查日常维护保养记录是否经电梯维保单位维保人员和电梯使用单位安全管理人员签字 □是 □否
1）维保人员：______
2）安全管理人员：______</td><td>□符合
□不符合</td></tr>
<tr><td>（5）年度自行检查记录或者报告</td><td>（1）审查年度自行检查记录或者报告是否完整、有效 □是 □否
（2）审查年度自行检查记录或者报告是否经有关人员签字，并加盖相关单位公章 □是 □否</td><td>□符合
□不符合</td></tr>
</table>

续表

<table>
<tr><th colspan="2">项目及类别</th><th>审查内容与要求</th><th>审查过程及分析判定</th><th>审查结果</th></tr>
<tr><td rowspan="2">1
技术资料</td><td rowspan="2">1.4
技术资料
B</td><td>（6）应急救援演习记录</td><td>（1）审查应急救援演习记录是否完整、有效、按要求定期开展　□是　□否
（2）审查应急救援演习记录是否经有关人员签字　□是　□否</td><td>□符合
□不符合</td></tr>
<tr><td>（7）运行故障和事故记录等</td><td>（1）审查运行故障和事故记录等是否完整、有效　□是　□否
（2）审查运行故障和事故记录等是否经有关人员签字　□是　□否</td><td>□符合
□不符合</td></tr>
</table>

1．认识安全技术档案其他资料

（1）认识监督检验报告

阅读“有机房曳引驱动电梯监督检验报告”实例，查阅电梯安全技术规范和相关资料，回答下列问题。

报告编号：Y(HH)-TJD-201904-0038

有机房曳引驱动电梯
监督检验报告

使用单位名称：个旧市公安局

设 备 代 码：311010112201900102

设 备 类 别：曳引与强制驱动电梯

设 备 品 种：曳引驱动乘客电梯

施 工 类 别：安装

施工单位名称：云南雪卓商贸有限公司

检验机构名称：红河州质量技术监督综合检测中心

检 验 日 期：2019年04月19日

红河州质量技术监督综合检测中心

有机房曳引驱动电梯监督检验报告

报告编号：Y(HH)-TJD-201904-0038

设备品种	曳引驱动乘客电梯	型　号	ELCOSMO-III
制造单位	东芝电梯(沈阳)有限公司		
产品编号	GA182603-010	制造日期	2019年01月22日
施工单位名称	云南雪卓商贸有限公司		
施工单位许可证明文件编号	TS335300055-2018-SL	施工类别	安装
安装地点	个旧市金湖东路58号	使用登记证编号	--
使用单位名称	个旧市公安局		
维护保养单位名称	云南丙工电梯有限公司		
设备参数　额定载重量	1050　kg	额定速度	2.5　m/s
设备参数　层站门数	9　层　9　站　9　门	控制方式	JX(集选控制)
检验依据	《电梯监督检验和定期检验规则—曳引与强制驱动电梯》（TSG T7001-2009）及其第一、第二号修改单		
主要检验仪器设备	第　机电II　号工具箱		
检验结论	合格		
备注	无		
检验日期	2019年04月19日	下次检验日期	2020年04月
检验人员			
编制：	日期：2019年04月22日	检验机构核准证号：TS7110309-2019（检验机构公章或检验专用章）2019年04月23日	
审核：	日期：2019年04月23日		
批准：	日期：2019年04月23日		

共6页　第1页

有机房曳引驱动电梯监督检验报告

1）检验机构安装、改造、重大维修检验工作完成后，检验结论为＿＿＿＿＿＿＿＿的，应当出具＿＿＿＿＿＿＿＿＿＿＿＿＿＿＿＿。

2）阅读“使用单位安全技术档案其他资料审查记录”中相关检验内容和要求，简要说明电梯监督检验报告的审查要点。

（2）认识定期检验报告

阅读“有机房曳引驱动电梯定期检验报告”实例，查阅电梯安全技术规范和相关资料，回答下列问题。

报告编号：Y(YX)-TDJ-201905-0109

有机房曳引驱动电梯定期检验报告

使用单位名称：云南今玉房地产有限公司
设备代码：31105304022018060003
设备类别：曳引与强制驱动电梯
设备品种：曳引驱动乘客电梯
检验机构名称：玉溪市质量技术监督综合检测中心
检验日期：2019年05月10日

玉溪市质量技术监督综合检测中心

有机房曳引驱动电梯定期检验报告

报告编号：Y(YX)-TDJ-201905-0109

设备品种	曳引驱动乘客电梯	型号	Regen-W
产品编号	F8998336	制造日期	2017年07月31日
制造单位名称	奥的斯机电电梯有限公司		
使用单位名称	云南今玉房地产有限公司		
使用单位代码	91530400678706592K	使用登记证编号	梯11滇C00591(18)
设备使用地点	东水金岸C区4号地块16幢右	单位内编号	16-3#
安全管理人员	瞿国栋	改造日期	/
改造单位名称	/		
维护保养单位名称	云南哲卓商贸有限公司		
设备技术参数 额定载重量	1000 kg	额定速度	2.5 m/s
设备技术参数 层站数	35 层 34 站 34 门	控制方式	JX(集选控制)
检验依据	《电梯监督检验和定期检验规则——曳引与强制驱动电梯》（TSG T7001-2009）		
主要检验仪器设备	第 4 号工具箱		
检验结论	合格		
备注	该电梯限速器应于2019年6月1日前进行校验，校验不合格或逾期未校验，该电梯应停止使用。		
检验日期	2019年05月10日	下次检验日期	2020年05月
检验人员			
编制： 日期：2019年05月10日		检验机构核准证号 TS711[illegible]-2022 （检验机构检验专用章）	
审核： 日期：2019年05月16日			
批准： 日期：2019年05月16日			

共4页 第1页

有机房曳引驱动电梯定期检验报告

1）检验机构现场定期检验工作完成后，检验结论为合格的，应当出具__________和特种设备使用标志。

2）阅读“使用单位安全技术档案其他资料审查记录”中相关检验内容和要求，简要说明电梯定期检验报告的审查要点。

（3）认识其他资料

查阅电梯安全技术规范和相关资料，回答下列问题。

1）电梯的维保项目分为半月、____________、半年、____________四类。

2）电梯使用单位应制定特种设备事故应急专项预案，每年至少演练____________次，并做出________________________。

3）阅读“使用单位安全技术档案其他资料审查记录”中相关检验内容和要求，简要说明日常检查与使用状况记录、日常维护保养记录、年度自行检查记录或报告、应急救援演习记录、运行故障和事故记录等的审查要点。

2．实施安全技术档案（其他资料）审查

结合前面对电梯监督检验、定期检验等知识的学习，按照检验内容与要求，完成电梯监督检验和定期检验等资料的审查，填写“使用单位电梯其他资料审查记录”。审查过程中，用手机拍照或录像等手段记录审查过程和见证资料。

3．制作审查作业指导

制作其他资料审查作业指导（word 文档）。要求图文并茂，作业指导能以图片或视频真实反映本项目的审查过程细节。

六、实施规章制度等资料的审查

查阅资料，学习相关知识，完成电梯运行管理规章制度等资料审查，填写审查记录。

电梯运行管理规章制度等资料审查记录

项目及类别		审查内容与要求	审查过程及分析判定	审查结果
1 技术资料	1.4 技术资料 B	（1）以岗位责任制为核心的电梯运行管理规章制度，包括事故与故障的应急措施和救援预案、电梯钥匙使用管理制度等	（1）审查是否建立了事故与故障的应急措施和救援预案且有效实施并执行 □是 □否 （2）审查是否建立了电梯钥匙使用管理制度且有效实施并执行 □是 □否	□符合 □不符合
		（2）与取得相应资格单位签订的日常维修保养合同	（1）查阅维护保养单位许可证，记录以下数据 1）维修单位名称：________ 2）维修许可证编号：________ 3）设备类别：________ 4）设备品种：________ 5）等级：________ 6）技术参数：________ 7）有效期：________ （2）查阅使用单位在用电梯明细，记录在用电梯最大技术参数 1）额定速度：________ 2）额定载重量：________ （3）比对（1）和（2）中记录的数据，审查维保单位许可证的设备品种、等级及技术参数是否覆盖使用单位在用电梯的品种和最大技术参数。若不能覆盖，则所签订的合同无效 1）维修单位修理许可证的施工类别是否覆盖使用单位的施工类别 □是 □否 2）维修单位修理许可证中的设备品种是否覆盖使用单位在用电梯的所有品种 □是 □否	□符合 □不符合

续表

<table>
<tr><th colspan="2">项目及类别</th><th>审查内容与要求</th><th>审查过程及分析判定</th><th>审查结果</th></tr>
<tr><td rowspan="2">1
技术
资料</td><td rowspan="2">1.4
技术
资料
B</td><td>（2）与取得相应资格单位签订的日常维修保养合同</td><td>3）维修单位修理许可证中许可的各品种电梯技术参数是否覆盖使用单位在用所有品种电梯的最大技术参数　□是　□否
（4）查阅日常维护保养合同，核实使用单位是否与具有维修许可证的维护保养单位签订了合同，且合同处于有效期内　□是　□否
1）合同编号：________
2）合同有效期：________</td><td rowspan="2">□符合
□不符合</td></tr>
<tr><td>（3）按照规定配备的电梯安全管理和作业人员的特种设备作业人员证</td><td>（1）查阅特种设备作业人员证，核实使用单位是否配备了安全管理人员或电梯司机（若需要），且持证项目符合要求　□是　□否
1）安全管理人员证书编号：________
2）管理人员证书有效期：________
3）电梯司机证书编号：________
4）电梯司机证书有效期：________
（2）查阅特种设备作业人员证，核实特种设备作业人员证是否在有效期内　□是　□否</td></tr>
</table>

1．认识电梯运行管理规章制度等资料

（1）认识电梯运行管理规章制度

查阅电梯安全技术规范和相关资料，回答下列问题。

1）《检验规则》附件 A 的“1.4 技术资料”中，使用单位技术资料的电梯运行管理规章制度包括哪些内容？

2）阅读“电梯运行管理规章制度等资料审查记录”中相关检验内容和要求，简要说明电梯运行管理规章制度的审查要点。

（2）认识电梯维护保养合同

查阅电梯安全技术规范和相关资料，回答下列问题。

1）简述合同的概念。

2）阅读“电梯运行管理规章制度等资料审查记录”中相关检验内容和要求，简要说明电梯维护保养合同的审查要点。

（3）认识特种设备作业人员证

查阅电梯安全技术规范和相关资料，回答下列问题。

1）对于电梯使用单位，应配备的特种设备作业人员主要有______和电梯司机两类。

2）阅读“电梯运行管理规章制度等资料审查记录”中相关检验内容和要求，结合以下图片所示实例，简要说明特种设备作业人员证的审查要点。

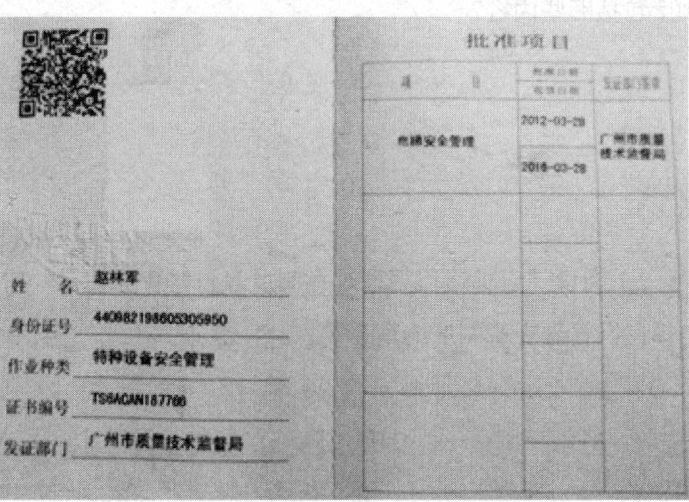

2．实施电梯运行管理规章制度等资料的审查

结合前面对电梯运行管理规章制度等知识的学习，按照检验内容与要求，完成电梯运行管理规章制度等资料的审查，填写“使用单位电梯运行管理规章制度审查记录”。审查过程中，用手机拍照或录像等手段记录审查过程和见证资料。

3．制作审查作业指导

制作电梯运行管理规章制度资料审查作业指导（word 文档）。要求图文并茂，作业指导能以图片或视频真实反映本项目的审查过程细节。

七、竣工及验收

1．填写审查报告

（1）查阅《检验规则》，简述审查报告的填写要求。

（2）根据审查记录，填写学习活动 1 中的“技术资料审查报告”，判定各个检验项目的检验结论，记录检验结果、结论。

（3）根据技术资料审查的情况，查阅电梯使用单位技术资料，填写学习活动 1 中的“电梯基本信息表”。

2. 存在不合格项的处理

（1）认识工作联系单

1）通过互联网检索或查阅相关资料，简述工作联系单的作用。

2）通过互联网检索或查阅相关资料，简述工作联系单的填写要点。

（2）填写工作联系单的要点

通过互联网检索工作联系单填写实例，与小组成员沟通交流，总结工作联系单的填写要点及规范。

（3）填写工作联系单

1）当审查结论存在不合格项时，填写以下“工作联系单”，并与使用单位沟通，明确整改工作内容，指导使用单位整改。

工作联系单

编号：

工程名称		日　期	
接收单位		抄送单位	
主　题			
接收单位		发出单位	
负责人		技术负责人	

2）使用单位整改完毕，对使用单位的整改情况进行复查，直至合格。同时，将存在问题和整改情况记录在“技术资料审查报告”的“存在问题及整改情况”栏目中。

3．交付验收

（1）现场审查全部项目合格（包括整改复查合格）后，在“技术资料审查报告”的“审查结论”栏目填写审查意见和审查结论，将“技术资料审查报告”交付维保单位技术负责人（教师）进行审核，经过审核人签字后，加盖维保单位公章。

（2）将加盖维保单位公章的“技术资料审查报告”交付使用单位负责人确认，并加盖使用单位公章，然后将一份审查报告提交到维保单位存档。

4．收尾工作

审查工作完全结束后，将审查前领用的规范、标准和资料归还给管理员，填写“电梯基本信息表”中的相关内容。

学习活动4　工作总结与评价

学习目标

1. 能按分组情况，派代表展示工作成果，说明本次任务的完成情况，并做分析总结。

2. 能结合任务完成情况，正确规范地撰写工作总结。

3. 能就本次任务中出现的问题提出改进措施。

4. 能对学习与工作进行反思总结，并能与他人开展良好合作，进行有效沟通。

建议学时　2学时

学习过程

一、个人、小组评价

以小组为单位，选择演示文稿、展板、海报、视频等形式中的一种或几种，向全班展示、汇报成果。在展示的过程中，以小组为单位进行评价；评价完成后，根据其他小组成员对本组展示成果的评价意见进行归纳总结。

汇报设计思路：

其他小组成员的评价意见：

二、教师评价

认真听取教师对本小组展示成果优缺点以及在完成任务过程中出现的亮点和不足的评价意见，并做好记录。

1．教师对本小组展示成果优点的点评。

2．教师对本小组展示成果缺点及改进方法的点评。

3．教师对本小组在整个任务完成过程中出现的亮点和不足的点评。

三、工作过程回顾及总结

1．在团队学习过程中，项目负责人给你分配了哪些工作任务？你是如何完成的？还有哪些需要改进的地方？

2．总结完成任务过程中遇到的问题和困难，列举 2 ~ 3 点你认为比较值得与其他同学分享的工作经验。

3．回顾本学习任务的工作过程，对新学专业知识和技能进行归纳和整理，撰写工作总结。

评价与分析

按照客观、公正和公平原则，在教师的指导下按自我评价、小组评价和教师评价三种方式对自己或他人在本学习任务中的表现进行综合评价。综合等级按 A（90 ~ 100）、B（75 ~ 89）、C（60 ~ 74）、D（0 ~ 59）四个级别进行填写。

学习任务综合评价表

考核项目	评价内容	配分（分）	评价分数		
			自我评价	小组评价	教师评价
职业素养	劳动保护用品穿戴完备，仪容仪表符合工作要求	5			
	安全意识、责任意识、服从意识强	6			
	积极参加教学活动，按时完成各项学习任务	6			
	团队合作意识强，善于与人交流和沟通	6			
	自觉遵守劳动纪律，尊敬师长，团结同学	6			
	爱护公物，节约材料，管理现场符合 6S 标准	6			
专业能力	专业知识扎实，有较强的自学能力	10			
	操作积极，训练刻苦，具有一定的动手能力	15			
	任务完成规范，工作效率高	10			
工作成果	技术资料审查报告填写规范，质量高	20			
	工作总结符合要求	10			
总分		100			
总评	自我评价 ×20%+ 小组评价 ×20%+ 教师评价 ×60%=	综合等级	教师（签名）：		

学习任务二　机房及相关设备定期检验

学习目标

1. 能阅读工作任务单，明确工作任务内容及要点，识别电梯机房相关部件，接受安全交底。

2. 能明确检验工作流程，制订工作计划，安排、组织人员；能与使用单位沟通，明确使用单位应准备及配合的相关工作；能准备检验所需工具、仪器等，并进行完好性检查。

3. 能进行检验开始前的现场准备工作；能根据《电梯监督检验和定期检验规则——曳引与强制驱动电梯》（TSG T7001—2009）（含修改单）附件 A 中的“2.1（1）~ 2.1（3）、2.5（1）、2.6（2）、2.7（2）~ 2.7（5）、2.8（2）、2.8（4）~ 2.8（9）、2.9（2）~ 2.9（4）、2.10（2）、2.11”等检验项目、内容与要求，实施机房及相关设备自检，填写检验过程记录，制作检验指导；当检验存在不合格项时，能规范填写“工作联系单”，并与使用单位沟通，正确处理相关事项；检验结束后，能规范填写“机房及相关设备自检报告”，提交班组长验收。

4. 能撰写、汇报工作总结，改进、完善工作中存在的问题。

建议学时

40 学时

工作情境描述

某电梯公司维保 1 台有机房曳引驱动乘客电梯，该电梯的额定载重量为 1 000 kg，额定速度为 1.0 m/s，共有 3 层 3 站，采用微机集选控制方式，距离电梯使用标志标注的下次检验日期还有 1 个月，现因申请特种设备检验检测机构定期检验前自行检查的需要，维保组长安排本组组员完成该台电梯定期检验的机房及相关设备自检，工期为 3 天，检验地点为电梯使用现场，自检完成后交付维保组长验收。当前该电梯已按年度保养项目及要求完成了年度保养。

工作流程与活动

学习活动 1　明确工作任务（4 学时）

学习活动 2　检验前的准备工作（4 学时）

学习活动 3　实施机房及相关设备自检（28 学时）

学习活动 4　工作总结与评价（4 学时）

学习活动 1　明确工作任务

学习目标

1. 能阅读工作任务单，明确任务内容、要点及要求。

2. 能描述电梯建筑物空间电梯部件、机房内设备和部件组成，明确检验项目、内容及要求，认识机房及相关设备检验中的各种装置和电器元件。

3. 能描述安全技术交底概念，接受安全交底。

建议学时　4 学时

学习过程

一、获取工作任务

阅读工作任务单、机房及相关设备自检报告，通过互联网检索或查阅相关资料，了解本次工作任务的内容、工期及验收标准等要求，回答表后所列问题。自检报告在本次工作结束时填写。

工作任务单

流水号	2020–09–038	任务名称	机房及相关设备定期检验自检
工期	2 天	开工日期	2020.5.11—5.12
任务描述	某公司有 1 台有机房曳引驱动乘客电梯，该电梯的额定载重量为 1 000 kg，额定速度为 1.0 m/s，共有 3 层 3 站，采用微机集选控制方式，距离电梯使用标志标注的下次检验日期还有 1 个月，现因申请特种设备检验检测机构定期检验前自行检查的需要，维保组长安排本组组员完成该台电梯定期检验机房及相关设备自检，检验项目及内容依据《电梯监督检验和定期检验规则——曳引与强制驱动电梯》（TSG T7001—2009）（含修改单，以下简称《检验规则》）附件 A 中“2.1（1）～ 2.1（3）、2.5（1）、2.6（2）、2.7（2）～ 2.7（5）、2.8（2）、2.8（4）～ 2.8（9）、2.9（2）～ 2.9（4）、2.10（2）、2.11”进行，检验结论需达到		

续表

任务描述	其中检验要求的规定，检验过程中记录检验结果和检验结论，检验结束后填写“机房及相关设备自检报告”，工期为 2 天，检验地点为电梯使用现场，自检完成后交付维保组长验收。当前该电梯已按年度保养项目及要求完成了年度保养。具体要求如下： （1）自检过程中，记录自检结果和结论。 （2）自检过程中，使用手机拍照或录像记录自检过程或关键点，使用 word 软件制作机房及相关设备自检作业指导书，作业指导书应能详细反映检验项目的检验过程。 （3）现场自检完毕，若存在问题需要整改，规范填写“工作联系单”，与使用单位沟通、交流，指导使用单位完成整改。 （4）根据《检验规则》要求，完成使用单位机房及相关设备的自检，规范填写“机房及相关设备自检报告”，提交维保组长验收。		
使用单位	××× 物业管理有限公司		
使用地址	×× 市 ×× 区银河大道 ×× 小区 12 幢		
设备注册代码		设备内部编号	L8
安全管理人员	徐健	电话	
设备名称	曳引驱动乘客电梯	型号	TKJ 1000/1.0 JXW
额定载重量	1 000 kg	额定速度	1.0 m/s
层站数	3 层 3 站	控制方式	微机集选
是否经过改造	是☐　否☑		
审查人员		复检人	
工作单签发人		签发日期	

机房及相关设备自检报告

项目及类别		检验内容与要求	检验结果	检验结论
2 机房（机器设备间）及相关设备	2.1 通道与通道门 C	（1）应在任何情况下均能安全方便地使用通道。采用梯子作为通道时，必须符合以下条件： 1）通往机房（机器设备间）的通道不应高出楼梯所到平面 4 m 2）梯子必须固定在通道上而不能被移动 3）梯子高度超过 1.50 m 时，其与水平方向的夹角应为 65° ~ 75°，并且不易滑动或者翻转 4）靠近梯子顶端应设置容易握到的把手		
		（2）通道应设置永久性电气照明		

续表

项目及类别		检验内容与要求	检验结果	检验结论
2 机房（机器设备间）及相关设备	2.1 通道与通道门 C	（3）机房通道门的宽度应当不小于 0.60 m，高度应不小于 1.80 m，并且门不得向机房内开启。门应装有带钥匙的锁，并且从机房内不用钥匙即可打开。门外侧有下述或者类似的警示标志：“电梯机器——危险 未经允许禁止入内！”		
	2.5 照明与插座 C	（1）机房（机器设备间）应设置永久性电气照明；在靠近入口（或者多个入口）处的适当高度设置一个开关，控制机房（机器设备间）照明		
	2.6 主开关 B	（2）主开关不得切断轿厢照明和通风、机房（机器设备间）照明和电源插座、轿顶与底坑的电源插座、电梯井道照明、报警装置的供电电路		
	2.7 驱动主机 B	（2）驱动主机工作时无异常噪声和震动		
		（3）曳引轮轮槽不得有缺损或不正常磨损；轮槽的磨损可能影响曳引能力时，应进行曳引能力验证试验		
		（4）制动器动作灵活，制动时制动闸瓦（制动钳）紧密、均匀地贴合在制动轮（制动盘）上，电梯运行时制动闸瓦（制动钳）与制动轮（制动盘）不发生摩擦，制动闸瓦（制动钳）以及制动轮（制动盘）工作面上没有油污		
		（5）手动紧急操作装置符合以下要求： 1）对于可拆卸盘车手轮，设有一个电气安全装置，最迟在盘车手轮装上电梯驱动主机时动作 2）松闸扳手涂成红色，盘车手轮是无辐条的并且涂成黄色，可拆卸盘车手轮放置在机房内容易接近的明显部位 3）在电梯驱动主机上接近盘车手轮处，明显标出轿厢运行方向，如果手轮是不可拆卸的，可以在手轮上标出 4）能够通过操纵手动松闸装置松开制动器，并且需要以一个持续力保持其松开状态 5）进行手动紧急操作时，易于观察到轿厢是否在开锁区		
	2.8 控制柜、紧急操作和动态测试装置 B	（2）断相、错相保护功能有效，电梯运行与相序无关时，可以不设错相保护		
		（4）紧急电动运行装置应当符合以下要求： 1）依靠持续揿压按钮来控制轿厢运行，此按钮有防止误操作的保护，按钮上或者其近旁应标出相应的运行方向 2）一旦进入检修运行，紧急电动运行装置控制轿厢运行的功能由检修控制装置所取代 3）进行紧急电动运行操作时，易于观察到轿厢是否在开锁区		

续表

<table>
<tr><th colspan="2">项目及类别</th><th>检验内容与要求</th><th>检验结果</th><th>检验结论</th></tr>
<tr><td rowspan="5">2
机房（机器设备间）及相关设备</td><td rowspan="5">2.8
控制柜、紧急操作和动态测试装置 B</td><td>（5）无机房电梯的紧急操作和动态测试装置应当符合以下要求：
1）在任何情况下均能安全方便地从井道外接近和操作该装置
2）能够直接或者通过显示装置观察到轿厢的运动方向、速度以及是否位于开锁区
3）装置上设有永久性照明和照明开关
4）装置上设有停止装置或者主开关</td><td></td><td rowspan="5"></td></tr>
<tr><td>（6）层门和轿门旁路装置应当符合以下要求：
1）在层门和轿门旁路装置上或者其附近标明“旁路”字样，并且标明旁路装置的“旁路”状态或者“关”状态
2）旁路时取消正常运行（包括动力操作的自动门的任何运行）；只有在检修运行或者紧急电动运行状态下，轿厢才能够运行；运行期间，轿厢上的听觉信号和轿底的闪烁灯起作用
3）能够旁路层门关闭触点、层门门锁触点、轿门关闭触点、轿门门锁触点；不能同时旁路层门和轿门的触点；对于手动层门，不能同时旁路层门关闭触点和层门门锁触点
4）提供独立的监控信号证实轿门处于关闭位置</td><td></td></tr>
<tr><td>（7）应具有门回路检测功能，当轿厢在开锁区域内、轿门开启并且层门门锁释放时，监测检查轿门关闭位置的电气安全装置、检查层门门锁锁紧位置的电气安全装置和轿门监控信号的正确动作；如果监测到上述装置的故障，能够防止电梯的正常运行</td><td></td></tr>
<tr><td>（8）应具有制动器故障保护功能，当监测到制动器的提起（或者释放）失效时，能够防止电梯正常启动</td><td></td></tr>
<tr><td>（9）自动救援操作装置（如果有）应当符合以下要求：
1）设有铭牌，标明制造单位名称、产品型号、产品编号、主要技术参数，加装的自动救援操作装置的铭牌和该装置的产品质量证明文件相符
2）在外电网断电至少等待 3 s 后自动投入救援运行，电梯自动平层并且开门
3）当电梯处于检修运行、紧急电动运行、电气安全装置动作或者主开关断开时，不得投入救援运行
4）设有一个非自动复位的开关，当该开关处于关闭状态时，该装置不能启动救援运行</td><td></td></tr>
</table>

续表

<table>
<tr><th colspan="2">项目及类别</th><th>检验内容与要求</th><th>检验结果</th><th>检验结论</th></tr>
<tr><td rowspan="5">2
机房
（机器
设备
间）及
相关
设备</td><td rowspan="3">2.9 限
速器
B</td><td>（2）限速器或者其他装置上设有在轿厢上行或者下行速度达到限速器动作速度之前动作的电气安全装置，以及验证限速器复位状态的电气安全装置</td><td></td><td rowspan="3"></td></tr>
<tr><td>（3）限速器各调节部位封记完好，运转时不得出现碰擦、卡阻、转动不灵活等现象，动作正常</td><td></td></tr>
<tr><td>（4）受检电梯的维护保养单位应每 2 年（对于使用年限不超过 15 年的限速器）或者每年（对于使用年限超过 15 年的限速器）进行一次限速器动作速度校验，校验结果应符合要求</td><td></td></tr>
<tr><td>2.10
接地
C</td><td>（2）所有电气设备及线管、线槽的外露可以导电部分应与保护导体（PE，地线）可靠连接</td><td></td><td></td></tr>
<tr><td>2.11
电气
绝缘
C</td><td>动力电路、照明电路和电气安全装置电路的绝缘电阻应符合下述要求：<table><tr><th>标称电压 /V</th><th>测试电压（直流）/V</th><th>绝缘电阻 /MΩ</th></tr><tr><td>安全电压
≤ 500 V
> 500 V</td><td>250
500
1 000</td><td>≥ 0.25
≥ 0.50
≥ 1.00</td></tr></table></td><td></td><td></td></tr>
<tr><th colspan="5">存在问题及整改情况</th></tr>
<tr><td colspan="5"></td></tr>
<tr><th colspan="5">自检结论</th></tr>
<tr><td colspan="3"></td><td colspan="2" rowspan="3">维保单位（公章）

年　月　日</td></tr>
<tr><td colspan="3">自检人：　　　　　　　　日期：</td></tr>
<tr><td colspan="3">审核人：　　　　　　　　日期：</td></tr>
</table>

续表

<table>
<tr><th colspan="2">使用单位意见</th></tr>
<tr><td></td><td rowspan="2">使用单位（公章）

年　　月　　日</td></tr>
<tr><td>使用单位负责人：　　　　　　　　日期：</td></tr>
</table>

1．该项工作的具体内容是什么？

2．该项工作要求什么时间开始做？多长时间完成？

3．该项工作的验收标准是什么？

4．该项工作完工时，应提交哪些记录或报告？

二、认识电梯机房部件

1．电梯的建筑物空间分为机房、井道、轿厢和层站四个建筑物空间，通过互联网检索或查阅相关资料，将下表补充完整。

电梯的结构组成

电梯建筑物空间	位置	名称	主要组成部件名称
 A B C D	A		
	B	井道	
	C		
	D	层站	

2．对照图示电梯机房的组成，通过互联网检索或查阅相关资料，将下表补充完整。

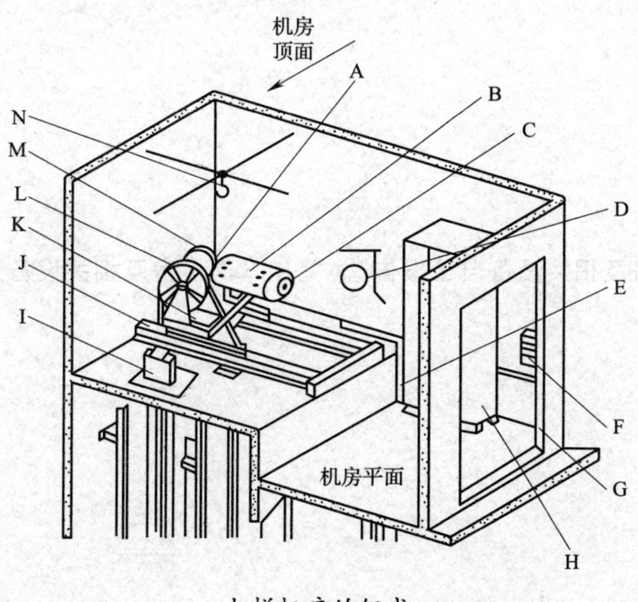

电梯机房的组成

电梯机房的组成及作用

位置	名称	作用
A	制动器	
B		
C	旋转编码器	测量电梯轿厢在井道中的实时位置及实时反馈曳引主机的速度
D		
E	机房线槽	
F		
G	机房门	
H		
I	限速器	
J	承重钢梁	
K		
L		
M	减速箱	
N	承重吊钩	

三、明确自检内容和要求

1．简述机房及相关设备定期检验自检的概念。

2．阅读“机房及相关设备自检报告”，写出本次机房及相关设备定期检验自检的项目。

3．阅读“机房及相关设备自检报告”，列举你还不认识的设备、电器等装置。

4．到电梯实训场地实地指出你还不认识的这些装置，用手机拍照后查阅资料进行学习，制作一份 PowerPoint 演示文稿，内容至少包括装置名称、作用、安装位置及相关照片等。

四、安全交底

在开始任务前，维保组长将对本次参加自检人员进行安全交底，阅读安全交底内容，复述安全交底内容并接受安全交底。

安全交底表

工程名称	电梯定期检验自检
施工内容	机房及相关设备定期检验自检
安全技术交底内容	
一、电梯检验基本安全要求 1．检验人员应当正确着装，扣紧领口、袖口，束紧长发，摘除身上佩戴的项链、首饰等物品，避免穿着宽松的服装和领带等。 2．现场检验人员不得少于 2 人，检验人员应经使用单位电梯管理人员同意后再实施检验。 3．检验前，应将表明正在检验的标识牌和围栏设置于电梯设备附近或主要入口处、电梯井道入口处；关闭电梯门并防止电梯门在检验过程中发生非预期的开关门动作；禁止无关人员进入检验区域。 4．检验前应确认通信设施的有效性。检验指令应清晰，接受指令的人员应重复指令，确认无误方可实施操作。 5．具有双重或附加操纵功能的电梯，应将其转换开关置于仅允许轿厢操纵的位置上。在检验群控电梯中的一台电梯之前，应将该电梯从梯群控中分离。 6．实施电气部分检验时，或者需要防止电梯的运动时，应： （1）断开电源开关，并加锁和醒目标识。在无法闭锁电源开关的情况下，则应摘除电源电路熔断器，或采用等效方法确保电源电路处于断开状态。 （2）某些电梯设备部件（如电容器、电动机 – 发电机组等）即使在切断电源后仍然带有残余电能，可能导致人员触电或者设备的意外动作。针对这些电梯部件，在进行检验之前，应通过接地或者按照设备说明书上的要求释放残余电能。 （3）对于多台并联控制的电梯，可能存在已断开主电源的控制柜仍然带电的情况，检验时应仔细确认。	

续表

<table>
<tr><td colspan="2">
7．检验人员应持续注意所有运动设备的位置和状态。
二、电气部分检验的安全要求
1．能够对是否达到“切断与电梯主开关，设置明显的警示及安全标志”的要求进行确认。
2．在对电气设备或线路进行测试时，能够做到一人操作、一人监护。
3．需要使用短接线进行电路短接操作时，必须使电梯处于检修状态，将停止开关处于“停止”位置，且必须满足“一人操作、一人监护”的要求，相关检验操作完成后，立即取下短接线。
三、机房（机器设备间）检验安全要求
1．注意所有运动设备的位置。
2．在进入任何格栅或平台之前，查看其支撑和连接以确定其是否足够坚固。
3．注意可能产生危险的低矮的净空高度。
4．确认格栅、平台或地面上没有任何可能导致滑倒或绊跌的危险。核查格栅或地面开口上的临时性盖板。
5．在通过触摸或操作来检查运动部件（如滑轮、制动器、限速器等）之前，确认被检设备的动力电源已被切断（可用试操作电梯的方法来确认）。切断梯群中某台电梯的主电源开关后，可能并未切断控制柜和选层器等装置的供电，在对此类电梯进行检验时应特别小心防止触及带电的电路。触摸制动器时，应注意防止烫伤。
6．在进入井道中的机器空间之前，应切断主电源开关并上锁。
四、井道设备检验安全要求
1．从井道顶部开始检验。
2．使轿顶停止开关恢复正常，通知轿厢内人员按下呼梯按钮，验证电梯是否已经撤出正常运行。
3．按压检修装置上的上行或下行按钮，电梯以检修速度运行时使轿顶停止开关处于“停止”位置，验证停止开关是否有效；在启动电梯前，提示其他检验人员和配合人员。
4．轿厢运动时，身体位于轿厢范围之内以免碰触对重或井道中的突出物，特别注意与被检电梯相邻的电梯轿厢和对重。
5．轿厢运动时，抓紧轿厢结构件上的把手或其他部件；不抓握悬挂比大于 2 ：1 的钢丝绳。
6．明确正确进入、撤离轿顶的方法。
五、底坑检验安全要求
1．在轿内或轿顶的操作者应严格遵守以下要求：
（1）轿厢只能按照底坑检验人员指定的方向运行。
（2）轿内或轿顶的操作者应重复指令，操纵轿厢运动之前应确认收到“准许操作”指令。
（3）可能时，轿厢一停止就打开层门或轿门，在发出轿厢运行指令之前保持门的开启。
2．不携带外壳能够导电的照明设备进入潮湿的底坑，且避免触及极限开关或其他开关。如底坑有水，在进行检验之前必须除水。
3．只有当轿内或轿顶人员按照底坑人员指令准备移动轿厢时，底坑人员才能使底坑停止开关置于正常位置。
4．确保身体的任何部分都未凸入相邻电梯井道区域。
5．明确正确进入、撤离底坑的方法。
</td></tr>
<tr><td>交底人：</td><td>交底日期：</td></tr>
<tr><td>接受人：</td><td>接受日期：</td></tr>
</table>

学习活动 2　检验前的准备工作

学习目标

1. 能明确机房及相关设备检验工作流程，制订工作计划，安排、组织人员。

2. 能与使用单位沟通，明确使用单位应准备及配合的相关工作。

3. 能准备检验所需的工具、仪器及材料，并进行完好性检查。

建议学时　4 学时

学习过程

一、制订工作计划

1．本次机房及相关设备定期检验自检主要包括 12 个工作流程，根据该工艺流程，制订工作计划。

自检工作计划表

序号	工作流程	人员分工	工时
1	明确任务，接受安全交底		
2	检验前的准备工作		
3	检验开始前的现场准备		
4	通道及通道门检验		
5	照明与插座、主开关检验		
6	驱动主机检验		

续表

序号	工作流程	人员分工	工时
7	断相、错相和紧急电动运行装置检验		
8	无机房紧急操作和动态测试装置、层门和轿门旁路装置检验		
9	门回路检测功能、制动器故障保护和自动救援操作装置检验		
10	限速器检验		
11	接地和电气绝缘检验		
12	竣工及验收		

2．结合本次检验工作计划，简述本次检验工作的施工组织及人员分工。

二、与使用单位沟通

1．查阅《检验规则》，简述检验现场需具备的检验条件。

2．到现场开展检验工作前，应与使用单位相关人员提前沟通哪些内容？列举相关内容并通知使用单位准备。在得到使用单位明确回复后，方可进行下一步工作。

三、准备工具、仪器及材料

1．查阅相关资料，补全下表中的空白内容，挑选出本次自检工作必需的检验工具和仪器。

检验常用工具和仪器

序号	仪器图片	仪器名称	作用	是否使用
1		万用表		□使用 □不使用
2		钳型 电流表		□使用 □不使用
3		绝缘电阻测量仪		□使用 □不使用
4		转速表		□使用 □不使用
5		钢丝绳 探伤仪	在线检测钢丝绳内外部断丝、磨损、锈蚀、变形、松股、跳丝、材质变化等缺陷	□使用 □不使用
6	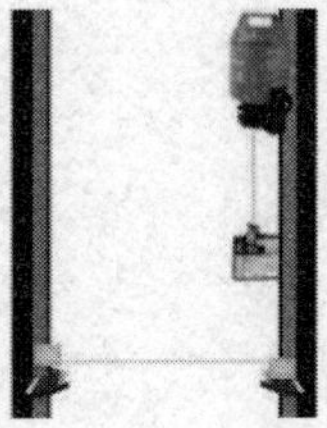	导轨垂直测量仪	测量导轨顶面与侧面的垂直度	□使用 □不使用

续表

序号	仪器图片	仪器名称	作用	是否使用
7		声级计		□使用 □不使用
8		游标卡尺		□使用 □不使用
9		钢直尺	测量零件的尺寸	□使用 □不使用
10		卷尺	测量物体的长度	□使用 □不使用
11		塞尺		□使用 □不使用
12		温湿度计		□使用 □不使用
13		照度计	测量照度	□使用 □不使用

续表

序号	仪器图片	仪器名称	作用	是否使用
14		计时器		□使用 □不使用
15		接地电阻测试仪		□使用 □不使用
16		检验通用工具 （扳手、旋具等）		□使用 □不使用
17		磁力线坠	测量垂直度	□使用 □不使用
18		验电笔		□使用 □不使用
19		拉力计		□使用 □不使用

2．列举完成机房及相关设备检验工作任务可能用到的工具、仪器、材料。

3．在列举的工具、仪器、材料中，写出你还不认识的工具、仪器、材料，通过互联网检索或查阅相关资料进行学习。

4．列举本次检验工作任务可能用到的规范、标准和资料。

5．为保证本次检验工作的正常开展，到电梯管理员处领取检验所需的工具、仪器、材料，填写领用登记表，并检查完好性。

领用登记表

序号	工具、仪器、材料名称	规格	数量	领用检查	归还检查
1				□完好 □损坏	□完好 □损坏
2				□完好 □损坏	□完好 □损坏
3				□完好 □损坏	□完好 □损坏
4				□完好 □损坏	□完好 □损坏
5				□完好 □损坏	□完好 □损坏
6				□完好 □损坏	□完好 □损坏
7				□完好 □损坏	□完好 □损坏

续表

序号	工具、仪器、材料名称	规格	数量	领用检查	归还检查
8				□完好 □损坏	□完好 □损坏
9				□完好 □损坏	□完好 □损坏
10				□完好 □损坏	□完好 □损坏
领用人： 管理员：			领用日期： 发放日期：		
归还人： 管理员：			归还日期： 回收日期：		

6．为保证本次检验工作的正常开展，到电梯管理员处领取检验所需规范、标准和资料，填写规范、标准和资料明细表。

规范、标准和资料明细表

序号	规范、标准和资料名称	数量	领用日期	归还日期	领用人	管理员
1						
2						
3						
4						
5						
6						

学习活动 3　实施机房及相关设备自检

学习目标

1. 能进行安全措施、检验条件的确认；能进行检验开始前的现场准备工作。

2. 能根据《检验规则》附件 A 中“2.1（1）~ 2.1（3）、2.5（1）、2.6（2）、2.7（2）~ 2.7（5）、2.8（2）、2.8（4）~ 2.8（9）、2.9（2）~ 2.9（4）、2.10（2）、2.11”的检验项目、内容与要求，实施机房及相关设备自检，记录检验过程数据，制作检验指导。

3. 当检验存在不合格项时，能规范填写“工作联系单”，与使用单位沟通，正确处理相关事项，指导使用单位完成整改。

4. 检验结束，能规范填写“机房及相关设备自检报告”，提交班组长验收。

5. 能在检验过程中，自觉遵守施工现场 6S 管理规定。

建议学时　28 学时

学习过程

一、检验开始前的现场准备

1．准备知识

仔细查阅《检验规则》和相关资料，回答下列问题。

（1）查阅《检验规则》中检验现场应具备的检验条件。

1）机房或者机器设备间的空气温度保持在______________℃之间。

2）电源输入电压波动在额定电压值______________的范围内。

3）环境空气中没有腐蚀性和______________气体及导电尘埃。

4）检验现场（主要指机房或机器设备间、井道、轿顶、底坑）__________，没有与电梯工作无关的物品和设备，基站、相关层站等检验现场放置表明正在进行检验的______________________。

5）对井道进行必要的____________。

（2）认识和使用温湿度计。

1）温湿度计是用来测定环境的__________及__________，以确定产品生产或仓储的环境状况。

2）温度的单位有____________和____________两种。

3）华氏度和摄氏度两种温度单位的转换公式是________________________。

4）仔细观察图示某型号温湿度计的功能，回答下列问题。

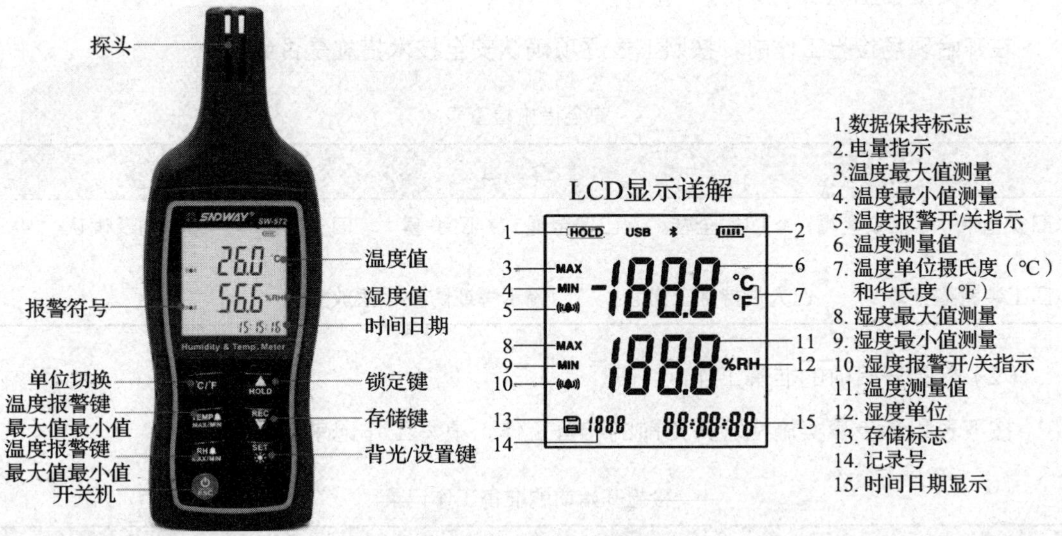

探头
报警符号
单位切换
温度报警键
最大值最小值
温度报警键
最大值最小值
开关机
温度值
湿度值
时间日期
锁定键
存储键
背光/设置键

LCD显示详解

1.数据保持标志
2.电量指示
3.温度最大值测量
4. 温度最小值测量
5. 温度报警开/关指示
6. 温度测量值
7. 温度单位摄氏度（℃）和华氏度（℉）
8. 湿度最大值测量
9. 湿度最小值测量
10. 湿度报警开/关指示
11. 温度测量值
12. 湿度单位
13. 存储标志
14. 记录号
15. 时间日期显示

①该温湿度计的温度单位切换键为____________。

②该温湿度计的上的温度读数为______________℃。

5）使用温湿度计测量你所在环境的温度为________℃，湿度为________%RH。

（3）封闭是指____。

（4）电压波动是指____。

（5）空气中常见的腐蚀性气体、易燃性气体及导电尘埃有哪些？

（6）电梯井道中，除哪些开口之外，其他均应进行封闭？

（7）在本学习环节中，应注意哪些安全问题？应如何防范？

2．现场准备工作

（1）安全措施确认

在开始现场检验工作前，按照下表逐项确认安全技术措施是否到位。

安全措施检查表

检查项目
□安全带 □安全帽 □安全鞋 □安全绳 □手套 □安全网 □沟通及确认
□工装完整有效 □人员持证上岗 □警示牌或防护栏摆放到位

（2）检验开始前的准备工作

按下表所示步骤实施检验开始前的准备工作，填写工作记录。

检验开始前的准备工作记录

准备步骤	图示	方法	实施结果
（1）基站放有警示牌或防护栏	Giant KONE 例行维护 请勿入内	目测基站、轿厢及相关层站是否放置了警示牌或防护栏 □是 □否	□完成 □未完成

续表

准备步骤	图示	方法	实施结果
（2）将电梯开至顶楼，了解电梯使用状况		（1）从最底层进入轿厢，按下轿内操纵厢所有内选按钮 □是 □否 （2）在轿厢向上运行至顶楼的过程中，逐层观察电梯运行是否正常，使用状况是否良好 □是 □否	□完成 □未完成
（3）确认轿厢内没有乘客，将机房紧急电动运行开关旋至“应急运行”位置，关闭轿门、层门		（1）电梯运行至顶楼后，检查轿厢内是否已没有乘客 □是 □否 （2）将机房控制柜紧急电动运行开关旋至“应急运行”位置，按下控制柜“急停”按钮 □是 □否 （3）关闭顶层轿门和层门，开始机房检验工作 □是 □否	□完成 □未完成

3．实施现场检验条件检查

在开始现场检验工作前，为保证安全，按照下表所示检查步骤，确认现场是否具备检验条件，并记录检查结果和结论。检查过程中，用手机拍照或录像记录检验过程。

检验现场检验条件确认记录

检查步骤	检查图示	检查过程及分析	检查结果
（1）机房或机器设备间的空气温度保持在5～40 ℃之间		（1）使用温湿度计测量机房温度为（ ） （2）机房温度在5～40 ℃之间 □是 □否	□符合 □不符合

续表

检查步骤	检查图示	检查过程及分析	检查结果
（2）电源输入电压波动在额定电压值±7%的范围内	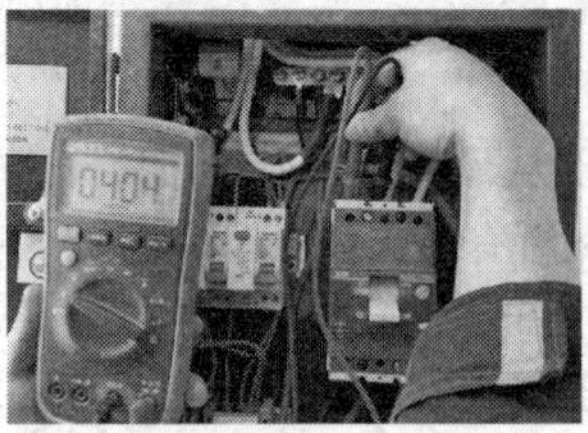 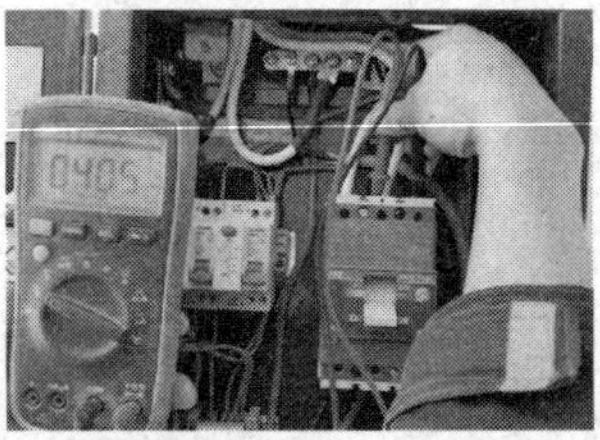 	（1）使用万用表测量 L_1、L_2、L_3 三相电之间的线电压 1）$U_{L_1L_2}$ =（　　） 2）$U_{L_1L_3}$ =（　　） 3）$U_{L_2L_3}$ =（　　） （2）使用（　　）公式计算三相电电压波动值 1）$\Delta U_{L_1L_2}$ =（　　） 2）$\Delta U_{L_1L_3}$ =（　　） 3）$\Delta U_{L_2L_3}$ =（　　） （3）确认三相电电压波动是否在额定电压值 ±7%的范围内（填“是”或“否”） 1）$\Delta U_{L_1L_2}$（　　） 2）$\Delta U_{L_1L_3}$（　　） 3）$\Delta U_{L_2L_3}$（　　）	□符合 □不符合
（3）环境空气中没有腐蚀性和易燃性气体及导电尘埃		目测检验确认现场环境空气中没有腐蚀性和易燃性气体及导电尘埃 □是　□否	□符合 □不符合
（4）检验现场（主要指机房或机器设备间、井道、轿顶、底坑）清洁，没有与电梯维保工作无关的物品和	 	（1）目测机房、机器设备间、井道、轿顶、底坑是否清洁，没有与电梯维保工作无关的物品和设备 □是　□否	□符合 □不符合

续表

检查步骤	检查图示	检查过程及分析	检查结果
设备，基站、相关层站等检验现场放置表明正在进行检验的警示牌	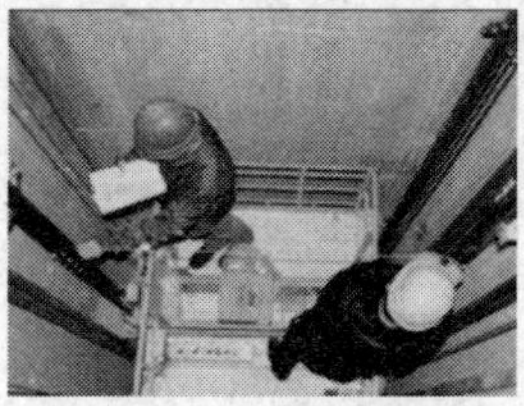  Giant KONE 例行维护 请勿入内	（2）目测基站、相应层站及轿厢等位置已放置正在检验的警示牌 □是　□否	□符合 □不符合
（5）对井道进行必要的封闭		目测井道（除层门、曳引绳孔外）各开口已封闭 □是　□否	□符合 □不符合

（1）当现场检验条件的检验结论存在“不合格”项时，应如何处理？

（2）使用单位根据要求整改完毕后，应进行什么工作？

二、实施通道与通道门检验

1．准备知识

（1）通过互联网检索或查阅相关资料，简述通道与通道门的作用。

（2）查阅《电梯制造与安装安全规范》（GB 7588—2003）（含修改单），简述该标准对通道和通道门的要求。

（3）查阅《检验规则》中相关内容和要求，简述通道及通道门的检验要点和方法。

（4）在本学习环节中，应注意哪些安全问题？应如何防范？

2．实施通道及通道门的检验

按通道及通道门的检验内容与要求，在教师的指导下完成该项目的自检，填写记录、判定结果。检验过程中，用手机拍照或录像记录检验过程。

通道及通道门检验记录

项目	检验内容与要求	检验图示	检验过程及分析判定	检验结果
2.1 通道与通道门 C	（1）应在任何情况下均能安全方便地使用通道		（1）目测通道畅通，无杂物 □是 □否 （2）目测能完全、方便地使用通道，而不需经过私人房间 □是 □否	□符合 □不符合

续表

项目	检验内容与要求	检验图示	检验过程及分析判定	检验结果
2.1 通道与通道门 C	通道的设置形式为 □ 楼梯（建筑本体的一部分，砖或混凝土结构） □ 梯子（建筑本体外附加，多为钢铁结构） 采用梯子作为通道时，必须符合以下条件：			
	1）通往机房（机器设备间）的通道不应高出楼梯所到平面4 m	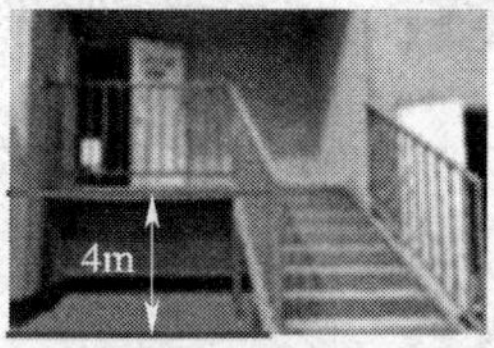 4m	（1）用卷尺测量楼梯或梯子高度，为__________m （2）楼梯或梯子高度小于等于4 m　□是　□否	□符合 □不符合 □无此项
	2）梯子必须固定在通道上而不能被移动		手动试验固定在通道上的梯子不会移动　□是　□否	□符合 □不符合 □无此项
	3）梯子高度超过1.50 m时，其与水平方向的夹角应为65°～75°，并且不易滑动或者翻转	 1.50m 65°~75°	（1）用卷尺测量梯子高度，为__________m （2）梯子高度$H \leqslant 1.5$ m时，梯子与水平方向的夹角不受限制　□是　□否 （3）梯子高度$H > 1.5$ m时，实施以下步骤： 1）用卷尺测量，梯子高度H为________m、水平投影长度L为________m 2）使用________________公式计算梯子与水平方向的夹角α，为________ 3）夹角α在65°～75°范围内　□是　□否 （4）手动测试梯子不易滑动或翻转　□是　□否	□符合 □不符合 □无此项
	4）靠近梯子顶端应设置容易握到的把手		目测梯子顶端是否有容易握到的把手　□是　□否	□符合 □不符合 □无此项

续表

项目	检验内容与要求	检验图示	检验过程及分析判定	检验结果
2.1 通道与通道门 C	（2）通道应设置永久性电气照明		（1）目测通道是否已设置永久电气照明 □是 □否 （2）手动测试通道照明开关，通道照明应有效工作 □是 □否	□符合 □不符合
	（3）机房通道门的宽度应当不小于0.60 m，高度应不小于1.80 m，并且门不得向机房内开启。门应装有带钥匙的锁，并且不用钥匙即可从机房内打开。门外侧有下述或者类似的警示标志：“电梯机器——危险 未经允许禁止入内！”	机房重地 闲人莫入	（1）用卷尺测量，机房通道门的宽度 W 为________m，高度 H 为________m □是 □否 （2）通道门宽度 W 不小于 0.60 m，高度 H 不小于 1.80 m □是 □否 （3）手动测试通道门不能向机房内开启 □是 □否 （4）通道门装有钥匙，且不用钥匙即可从机房内打开 □是 □否 （5）目测门外侧有下述或者类似警示标志：“电梯机器——危险 未经允许禁止入内！” □是 □否	□符合 □不符合

3．制作自检作业指导

制作通道及通道门自检作业指导（word 文档）。要求图文并茂，作业指导能以图片或视频真实反映本项目的检验过程细节。

三、实施照明与插座、主开关检验

1．准备知识

（1）照明与插座相关知识

查阅电梯安全技术规范和相关资料，回答下列问题。

1）________是指单位面积上所接受可见光的能量，简称照度，单位是________。

2）《电梯制造与安装安全规范》（GB 7588—2003）（含修改单）的“6.3.6 照明和电源插座”中规定，机房应设有永久性的电气照明，地面上的照度不应小于________lx。

3）《电梯制造与安装安全规范》（GB 7588—2003）（含修改单）的“6.3.6 照明和电源插座”中规定，在机房内靠近入口（或多个入口）处的适当高度应设置一个________，控制机房照明。

（2）认识和使用照度计

按照下表所示某型号照度计的使用方法测量照度，记录数据，并回答问题。

照度计的使用

仪器名称	使用图示	使用步骤及方法
照度计	POWER	（1）检查校验日期，如果在有效期内，打开电源开关
		（2）打开光检测器盖子，并将光检测器水平放在测量位置
	RANGE 2000 20000 200 200000	（3）选择适合测量挡位。如果显示屏左端只显示“1”，表示照度过量，需要按下量程键（RANGE 键），调整测量倍数
	H HOLD	（4）照度计开始工作，并在显示屏上显示照度值。显示屏上显示数据不断地变动，当显示数据比较稳定时，按下 HOLD 键，锁定数据

续表

仪器名称	使用图示	使用步骤及方法
照度计		（5）读取并记录读数器中显示的观测值。观测值等于读数器中显示数字与量程值的乘积。例如，屏幕上显示 088，右下角显示状态为“×2 000”，则照度测量值为__________lx 再次测量时，再按一下锁定开关，取消读值锁定功能。每次观测时，连续读数三次并记录
		（6）测量工作完成后，按下电源开关键，切断电源，盖上光检测器盖子，并将其放回盒里

1）使用照度计测量你所在教室的照度，为______lx。

2）简述照度计的使用步骤。

（3）认识主开关

1）简述电梯主开关的安装位置和作用。

2）对照图示电梯电源箱，写出各部分的名称及作用。

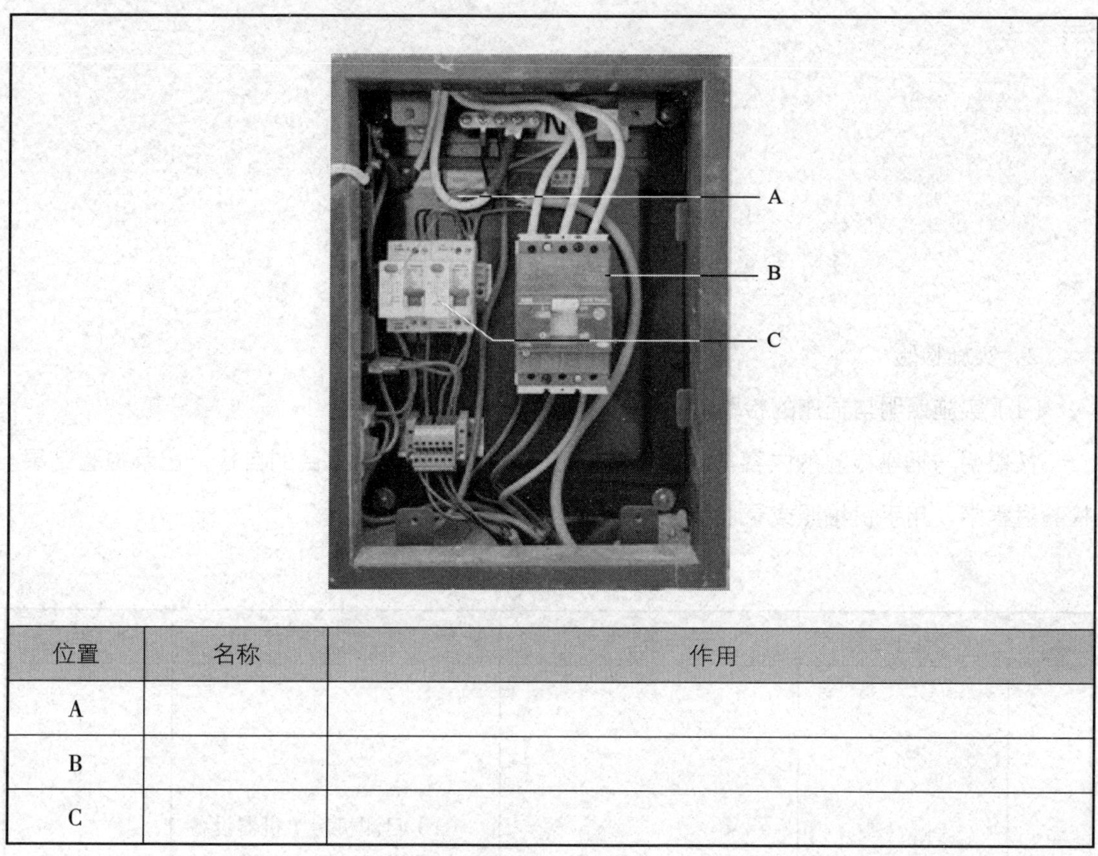

位置	名称	作用
A		
B		
C		

（4）查阅《电梯制造与安装安全规范》（GB 7588—2003）（含修改单），简述该标准对主开关的要求。

（5）在本学习环节中，应注意哪些安全问题？应如何防范？

（6）查阅《检验规则》中相关内容和要求，简述照明与插座、主开关的检验要点和方法。

2．实施检验

（1）实施照明与插座的检验

按照明与插座检验的内容与要求，在教师的指导下完成该项目的自检，记录检验结果。检验过程中，用手机拍照或录像记录检验过程。

照明与插座检验记录

项目	检验内容与要求	检验图示	检验过程及分析判定	检验结果
2.5 照明与插座 C	（1）机房（机器设备间）应设置永久性电气照明；在靠近入口（或者多个入口）处的适当高度设置一个开关，控制机房（机器设备间）照明		（1）目测机房（机器设备间）是否已设置永久性电气照明 □是 □否 （2）手动测试机房照明开关，机房照明应有效工作 □是 □否 （3）在机房地面位置，使用照度计测量机房地面照度为__________lx，应不小于200 lx □是 □否 （4）目测机房照明开关应安装在进入机房易于接近的位置，且高度适当；如机房内有多个通道门时，则每个入口处均应设置相同要求的照明开关 □是 □否	□符合 □不符合

（2）实施主开关的检验

按主开关检验的内容与要求，在教师的指导下完成该项目的自检，记录检验结果。检验过程中，用手机拍照或录像记录检验过程。

主开关检验记录

项目	检验图示	检验内容与要求	检验过程及分析判定	检验结果
2.6 主开关 B	（2）主开关不得切断轿厢照明和通风、机房（机器设备间）照明和电源插座、轿顶与底坑的电源插座、电梯井道照明、报警装置的供电电路	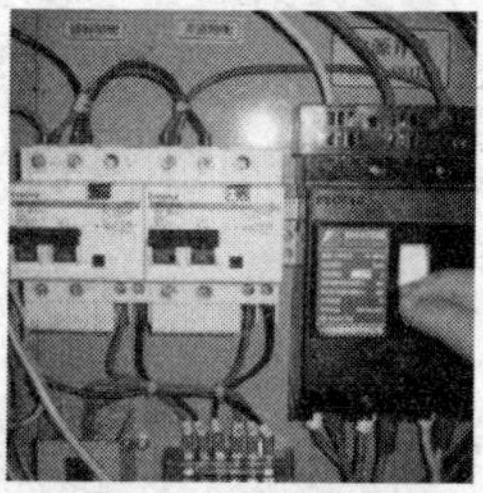 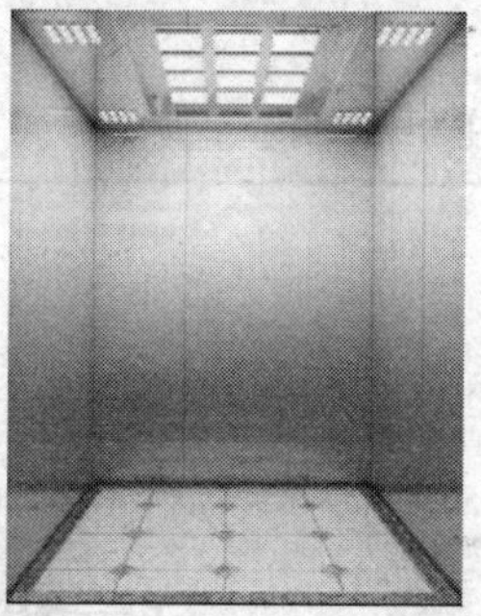 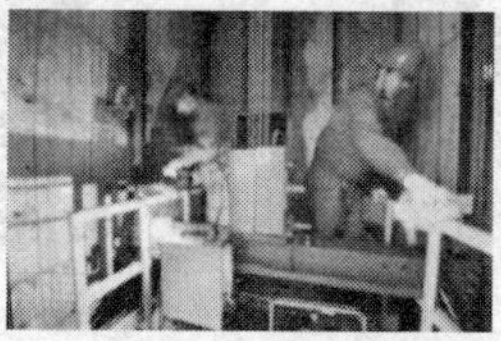 	（1）打开轿厢照明和通风、机房（机器设备间）照明和电源插座、轿顶与底坑的电源插座、电梯井道照明、报警装置等设备 □是　□否 （2）断开主开关，使用验电笔测量主开关出线端电源已被切断 1）L1 相是否断电 □是　□否 2）L2 相是否断电 □是　□否 3）L3 相是否断电 □是　□否 （3）到相应位置（机房、井道、轿顶、轿厢、底坑等位置）观察或用验电笔验证相应设备供电电路是否被切断　□是　□否	□符合 □不符合

3．制作自检作业指导

制作照明与插座、主开关自检作业指导（word 文档）。要求图文并茂，作业指导能以图片或视频真实反映本项目的检验过程细节。

四、实施驱动主机检验

1．准备知识

（1）认识驱动主机

1）查阅电梯相关资料，简述电梯驱动主机的作用。

2）查阅相关资料，写出图示两种电梯常见的驱动主机名称、各组成部分名称及作用。

驱动主机的结构

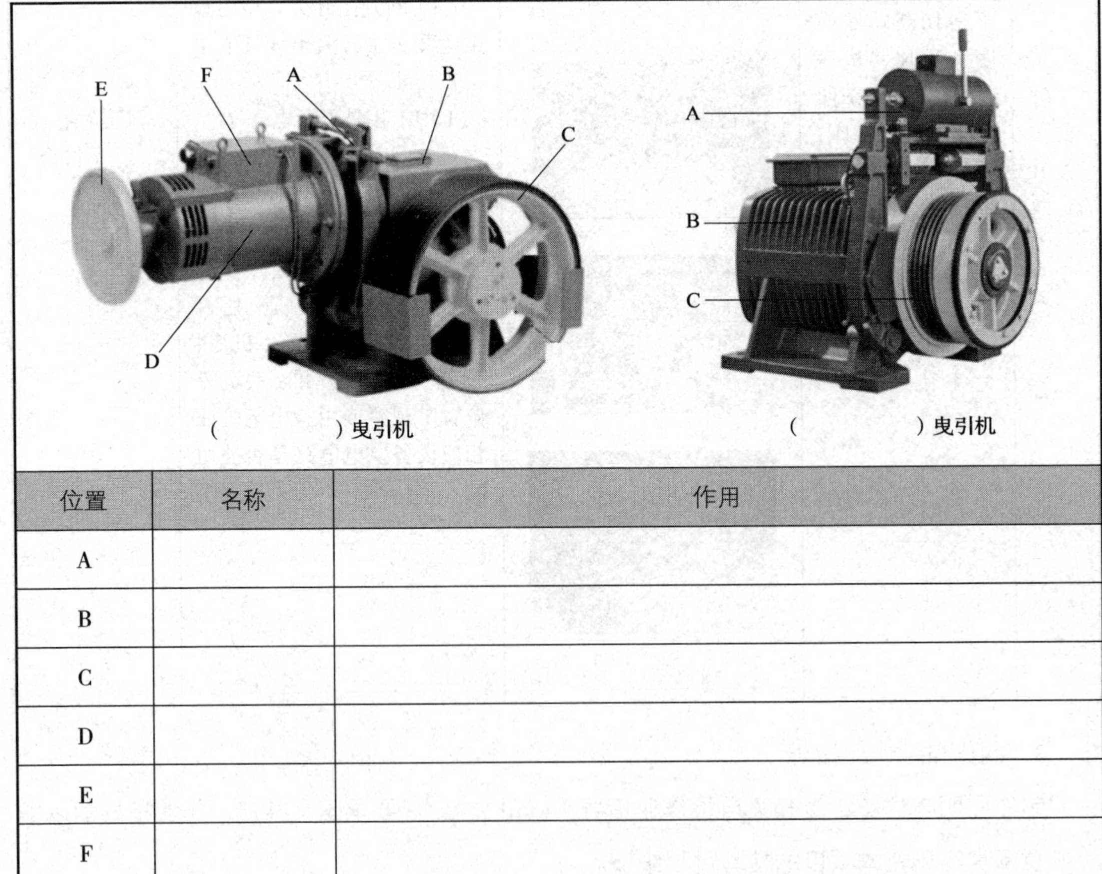

位置	名称	作用
A		
B		
C		
D		
E		
F		

（2）认识制动装置

1）查阅电梯相关资料，简述电梯制动器的作用。

2）查阅相关资料，写出两种常见电梯制动装置的名称、各组成部分的名称及其作用。

认识制动装置

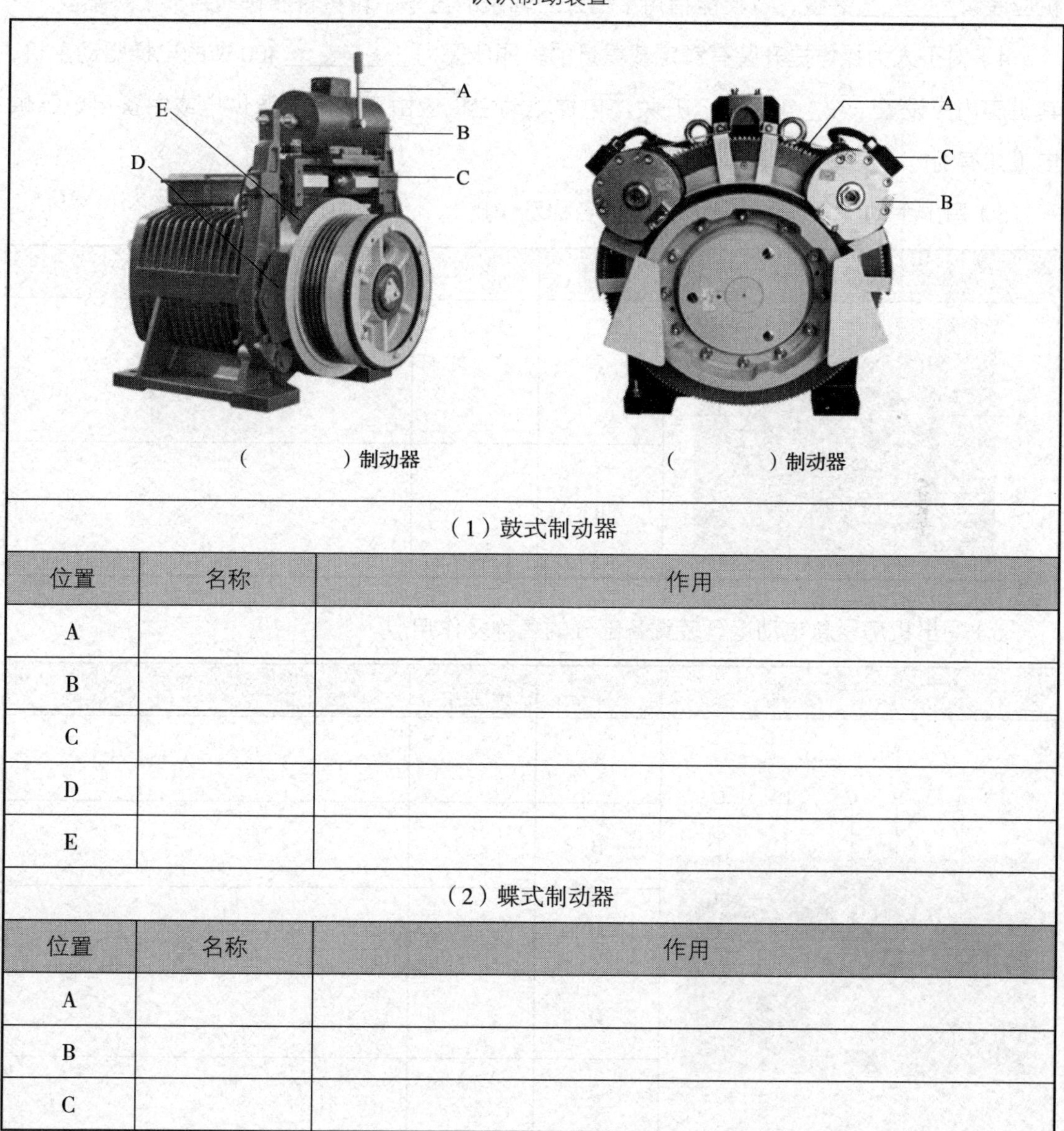

（　　　　）制动器　　　　（　　　　）制动器

（1）鼓式制动器

位置	名称	作用
A		
B		
C		
D		
E		

（2）蝶式制动器

位置	名称	作用
A		
B		
C		

（3）认识紧急操作装置

查阅电梯安全技术规范和电梯相关资料，回答下列问题。

1）简述紧急操作装置的作用。

2）紧急操作装置分为____________和____________两类。

3）如果向上移动装有额定载重量的轿厢所需的操作力不大于________N，电梯驱动主机应装设________装置，以便能借用平滑且无辐条的盘车手轮将轿厢移动到一个层站。

4）对于人力操作提升装有额定载重量的轿厢所需力__________400 N 的电梯驱动主机，其机房内应设置一个__________开关。电梯驱动主机应由正常的电源供电或由备用电源供电（如有）。

5）写出手动紧急操作装置各部分的名称及作用。

手动紧急操作装置	位置	名称	作用
A B	A		
	B		

6）写出机房紧急电动运行装置各部分的名称及作用。

紧急电动运行装置	位置	名称	作用
A B C D E STOP停止	A		
	B		
	C		
	D		
	E		

7）电梯紧急电动运行时，哪些电气安全装置应失效？

8）写出机房中电梯的平层标记的名称及作用。

位置		作用
A		
B		
C		
D		

9）简述机房平层标记的作用。

10）根据电梯钢丝绳上的平层标记，确定轿厢所在楼层，将下表填写完整。

钢丝绳平层标记	轿厢所在楼层	计算楼层方法
7 6 5 4 3 2 1		

11）什么是开锁区？开锁区有什么作用？

（4）认识和使用声级计

对照下表中的图示，查阅数字式声级计使用说明书，写出其各部分的名称及作用，并回答后面的问题。

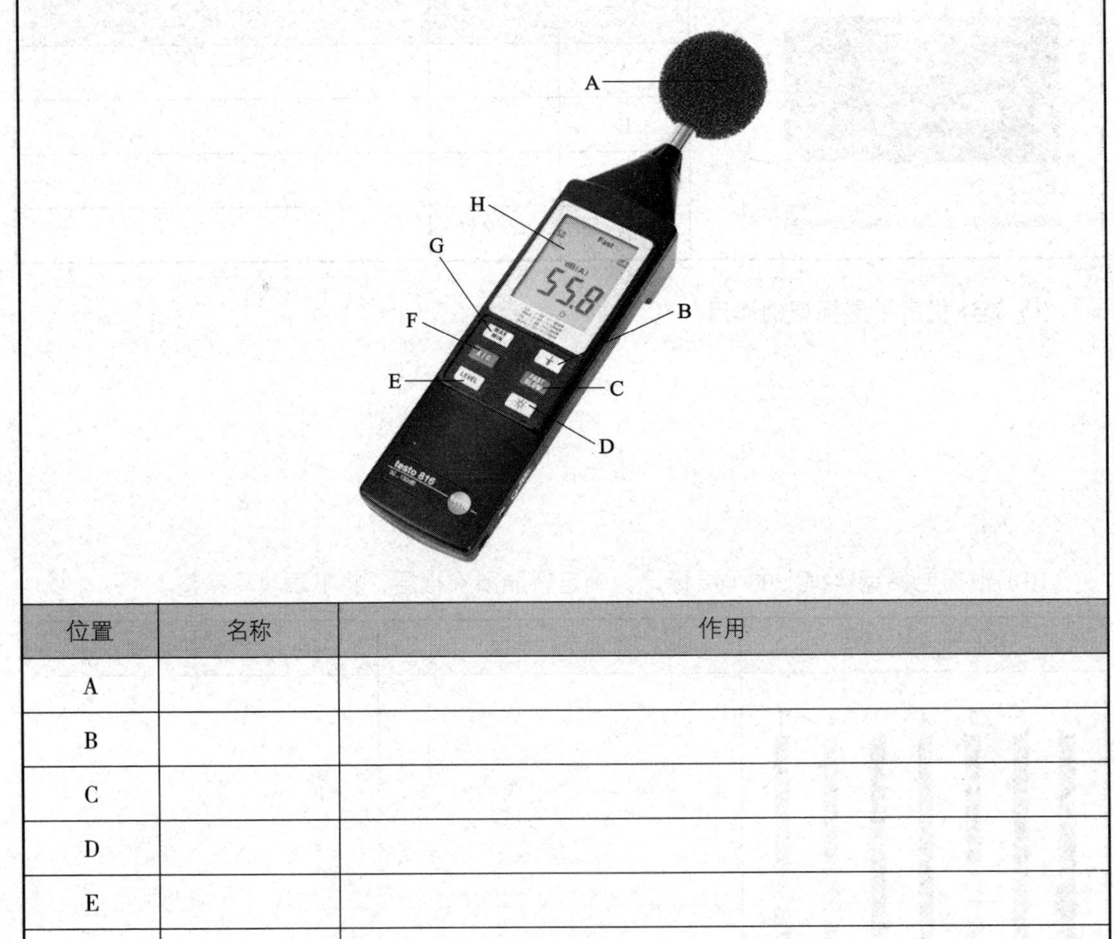

位置	名称	作用
A		
B		
C		
D		
E		
F		
G		
H		

1）简述声级计的使用方法和步骤。

2）查阅《电梯技术条件》（GB/T 10058—2009），该标准对乘客电梯噪声值有何要求？

3）图示中声级计的读数值为__________dB（A）。

4）使用声级计测量你所处环境的噪声，测量值为__________dB（A）。

（5）查阅《电梯制造与安装安全规范》（GB 7588—2003）（含修改单），该标准对驱动主机有何要求？

（6）在本学习环节中，应注意哪些安全问题？应如何防范？

（7）查阅《检验规则》中相关内容和要求，简述驱动主机的检验要点和方法。

2．实施驱动主机的检验

按驱动主机检验的内容与要求，在教师的指导下完成该项目的自检，记录检验结果。在检验过程中，用手机拍照或录像记录检验过程。

驱动主机检验记录

项目	检验内容与要求	检验图示	检验过程及分析判定	检验结果
2.7 驱动 主机 B	（2）驱动主机工作时无异常噪声和震动		以通力KONE3000 Mini Space为例： （1）合上主开关，注意侧身送电 □是 □否 （2）机房内通过电话检查轿厢内是否已无人 □是 □否 （3）控制柜内禁止开关门和厅外呼梯信号 □是 □否 （4）控制柜内选层，将电梯呼至顶楼（或底楼） □是 □否 （5）控制柜内选层，使电梯以快车状态从顶层（或底层）到底层（或顶层）各运行全程一次 □是 □否 （6）现场观察、耳听驱动主机运行情况，感观判断驱动主机无异常噪声和震动 □是 □否 若感观判断不能确定时，采用声级计测量。在与曳引机水平的位置，使用声级计测量驱动主机噪声，为________dB（A），该噪声应小于等于80 dB（A）（速度小于等于2.5 m/s） □是 □否	□符合 □不符合

续表

项目	检验内容与要求	检验图示	检验过程及分析判定	检验结果
2.7 驱动主机 B	（3）曳引轮轮槽不得有缺损或不正常磨损；轮槽的磨损可能影响曳引能力时，应进行曳引能力验证试验	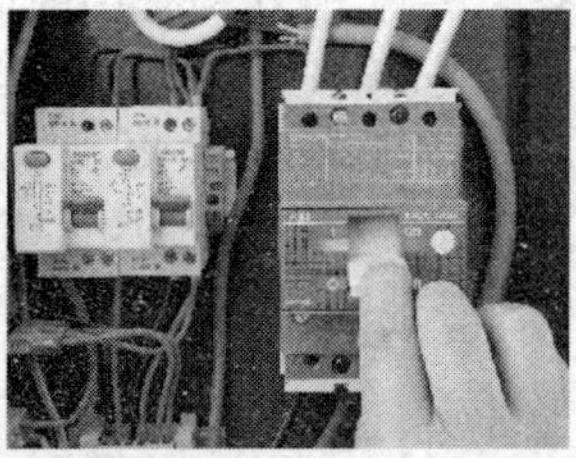    	（1）断开电梯主开关，使用验电笔检查电梯电源是否已被切断，上锁挂牌 □是　□否 （2）使用内六角扳手拆除驱动主机防护罩的固定螺栓，拿下防护罩 □是　□否 （3）在整个曳引轮范围内每 90° 进行一次测量、检查，包括以下各项内容，整个曳引轮应测量、检查 4 次 注意：检查过程中，为满足在整个曳引轮范围内每 90° 检查、测量一次的要求，应电动运行电梯旋转曳引轮至指定位置 1）用钢直尺水平靠在整排钢丝绳顶部，使用塞尺检查整排钢丝绳的高低差，记录每次检查整排钢丝绳的最大高低差 Δh ①Δh_1 为（　　）mm ②Δh_2 为（　　）mm ③Δh_3 为（　　）mm ④Δh_4 为（　　）mm 4 次检查结果中的最大值应小于等于 1 mm □是　□否 2）检查曳引轮轮槽无明显的裂痕，槽型无明显磨损情况。如果有，应更换曳引轮 □是　□否 3）测量钢丝绳顶端与曳引轮顶端之间的垂直距离 h	□符合 □不符合

续表

项目	检验内容与要求	检验图示	检验过程及分析判定	检验结果
2.7 驱动 主机 B	（3）曳引轮轮槽不得有缺损或不正常磨损；轮槽的磨损可能影响曳引能力时，应进行曳引能力验证试验		① h_1 为（　　）mm ② h_2 为（　　）mm ③ h_3 为（　　）mm ④ h_4 为（　　）mm 4 次检查中的最大值，直径 8 mm 的钢丝绳距离小于 0.5 mm 时更换曳引轮；直径 10 mm 的钢丝绳距离小于 1 mm 时更换曳引轮 □是　□否 （4）检验完毕，安装防护罩　□是　□否	
	（4）制动器动作灵活，制动时制动闸瓦（制动钳）紧密、均匀地贴合在制动轮（制动盘）上，电梯运行时制动闸瓦（制动钳）与制动轮（制动盘）不发生摩擦，制动闸瓦（制动钳）以及制动轮（制动盘）工作面上没有油污		（1）机房紧急电动运行电梯，目测制动器动作是否灵活，制动闸瓦（制动钳）与制动轮（制动盘）是否不发生摩擦；闸瓦（制动钳）以及制动轮（制动盘）工作面上是否有油污 □是　□否 （2）制动器间隙检查 1）将电梯轿厢开至最顶层　□是　□否 2）拆下盘车手轮开关，验证电梯是否已不能启动运行 □是　□否 3）装上盘车手轮并握住（防止溜车）　□是　□否 4）人为动作（顶住）主接触器、抱闸接触器，使抱闸打开　□是　□否 5）使用 0.02 ~ 1.0 mm 塞尺测量制动轮与闸瓦上、中、下三个点的间隙并记录数据	□符合 □不符合

续表

项目	检验内容与要求	检验图示	检验过程及分析判定	检验结果
2.7 驱动主机 B	（4）制动器动作灵活，制动时制动闸瓦（制动钳）紧密、均匀地贴合在制动轮（制动盘）上，电梯运行时制动闸瓦（制动钳）与制动轮（制动盘）不发生摩擦，制动闸瓦（制动钳）以及制动轮（制动盘）工作面上没有油污		①左侧上、中、下三点间隙 $h_1 =$（　　）mm $h_2 =$（　　）mm $h_3 =$（　　）mm ②右侧上、中、下三点间隙 $g_1 =$（　　）mm $g_2 =$（　　）mm $g_3 =$（　　）mm 6）检查6次测量值是否在0.2～0.3 mm之间，且间隙均匀　□是　□否	
	（5）手动紧急操作装置符合以下要求：			
	1）对于可拆卸盘车手轮，设有一个电气安全装置，最迟在盘车手轮装上电梯驱动主机时动作		（1）目测观察盘车是否可拆卸，若可拆卸，实施步骤（2）　□是　□否 （2）机房紧急电动运行电梯时，打开盖子或装上盘车手轮，盘车手轮开关是否断开，电梯是否停止一切运行　□是　□否	□符合 □不符合
	2）松闸扳手涂成红色，盘车手轮是无辐条的并且涂成黄色，可拆卸盘车手轮放置在机房内容易接近的明显部位	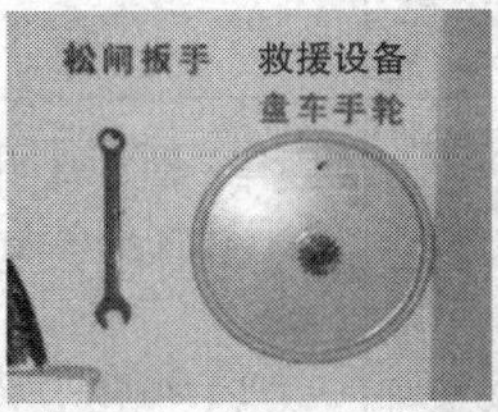 松闸扳手　救援设备 盘车手轮	（1）目测松闸扳手是否为红色，盘车手轮是否为黄色且无辐条　□是　□否	□符合 □不符合

续表

项目	检验内容与要求	检验图示	检验过程及分析判定	检验结果
			（2）目测可拆卸的盘车手轮是否放置在易于接近的明显地方 □是 □否	
	3）在电梯驱动主机上接近盘车手轮处，明显标出轿厢运行方向，如果手轮是不可拆卸的，可以在手轮上标出	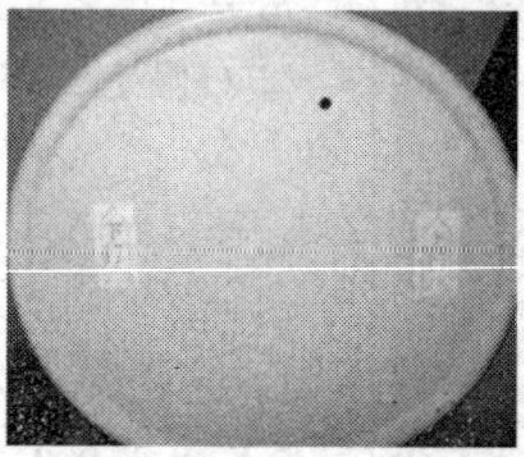 	（1）目测不可拆卸的盘车手轮是否在手轮上应标出轿厢运行方向，且与实际运行方向一致 □是 □否 （2）目测可拆卸的盘车手轮是否在盘车手轮或驱动主机上应标志轿厢运行方向，且与实际运行方向一致 □是 □否	□符合 □不符合
2.7 驱动主机 B	4）能够通过操纵手动松闸装置松开制动器，并且需要以一个持续力保持其松开状态	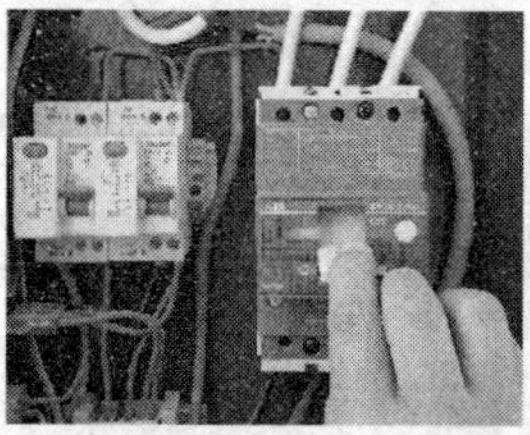 	（1）断开主开关，使用验电笔检查是否无电 □是 □否 （2）使用松闸扳手手动松开制动器，检查制动器是否松闸，且松闸需一个持续力才得以保持 □是 □否 （3）放手后，检查制动器是否有效合闸 □是 □否	□符合 □不符合
	5）进行手动紧急操作时，易于观察到轿厢是否在开锁区		（1）断开主开关，使用验电笔检查是否无电 □是 □否 （2）站在手动盘车轮侧位置，目测观察开锁区域标识是否易于观察 □是 □否	□符合 □不符合

3．制作自检作业指导

制作驱动主机自检作业指导（word 文档）。要求图文并茂，作业指导能以图片或视频真实反映本项目的检验过程细节。

五、实施控制柜、紧急操作和动态测试装置检验（一）

1．准备知识

（1）认识断相、错相保护装置

查阅断相、错相保护装置说明书及相关资料，结合图示断相、错相保护装置（相序继电器），回答以下问题。

1）断相指____

____。

2）错相指____

____。

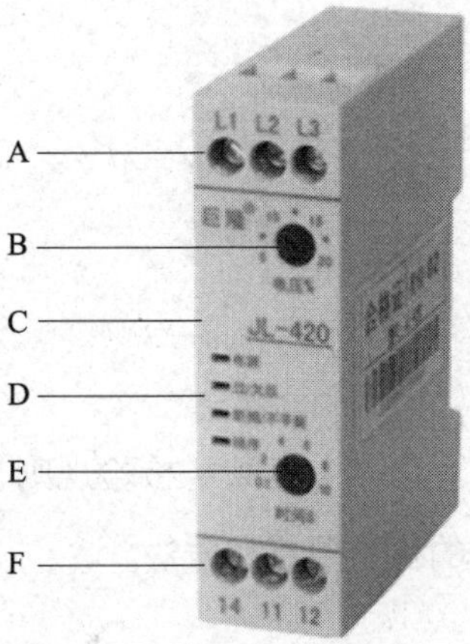

3）图中，A 是__________；B 是动作电压调节旋钮；C 是壳体；D 是__________；E 是动作时间调节旋钮；F 是辅助触头，其中 11 ~ 12 是辅助常开触头，11 ~ 14 是__________触头。

A
B
C
D
E
F
L1 L2 L3
JL-420
14 11 12

4）简要说明相序继电器的作用。

5）简要说明断相、错相的危害。

（2）认识紧急电动运行装置

查阅电梯电气原理图，找出紧急电动运行和检修运行对应的电气原理图，分析检修运行优先于紧急电动运行的原理。

（3）在本学习环节中，应注意哪些安全问题？应如何防范?

（4）查阅《电梯制造与安装安全规范》（GB 7588—2003）（含修改单），该标准对断错相保护装置、紧急电动运行装置有何要求?

（5）查阅《检验规则》中相关内容和要求，简述断错相保护装置、紧急电动运行装置的检验要点和方法。

2．实施检验

（1）实施断相、错相保护装置的检验

按断相、错相保护检验的内容与要求，在教师的指导下完成该项目的自检，记录检验结果。检验过程中，用手机拍照或录像记录检验过程。

断相、错相保护装置检验记录

项目	检验内容与要求	检验图示	检验过程及分析判定	检验结果
2.8 控制柜、紧急操作和动态测试装置 B	（2）断相、错相保护功能有效，电梯运行与相序无关时，可以不设错相保护		（1）断相检验 1）断开主开关，使用验电笔检查主开关是否已断开电源　□是　□否 2）在主开关输出端，断开三相交流电源的任意一根导线　□是　□否 3）闭合主开关，机房紧急电动运行电梯，是否已不能启动运行　□是　□否 4）对于另外两相的断相测试，按照以上方法进行测试，检查是否异常　□是　□否 （2）错相检验 1）断开主开关，使用验电笔检查主开关是否已断开电源　□是　□否 2）在主开关输出端，调换三相交流电源任意两根导线的相互位置　□是　□否 3）闭合主开关，机房紧急电动运行电梯，是否已不能启动运行　□是　□否 4）对于另外两相的错相测试，按照以上方法进行测试，检查是否正常　□是　□否 对于运行与相序无关的电梯，仅检查保护功能	□符合 □不符合

（2）实施紧急电动运行装置的检验

按紧急电动运行装置检验的内容与要求，在教师的指导下完成该项目的自检，记录检验结果。检验过程中，用手机拍照或录像记录检验过程。

紧急电动运行装置检验

<table>
<tr><th>项目</th><th>检验内容与要求</th><th>检验图示</th><th>检验过程及分析判定</th><th>检验结果</th></tr>
<tr><td rowspan="2">2.8
控制柜、紧急操作和动态测试装置 B</td><td colspan="4">（4）紧急电动运行装置应当符合以下要求：</td></tr>
<tr><td>1）依靠持续揿压按钮来控制轿厢运行，此按钮有防止误操作的保护，按钮上或者其近旁应标出相应的运行方向</td><td>（1）持续揿压 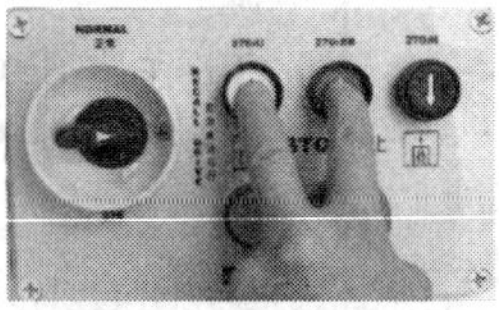 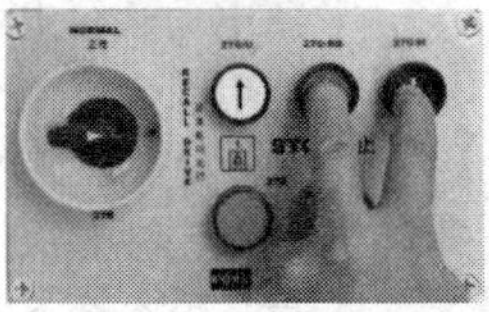

（2）防止误操作 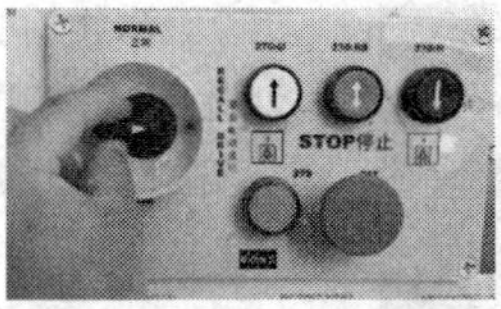 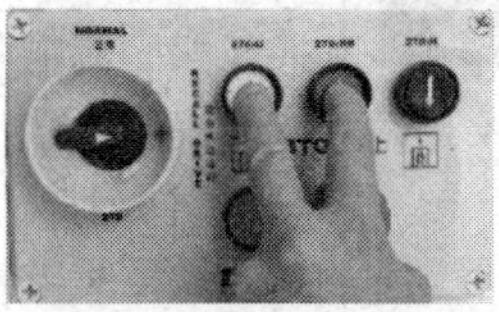 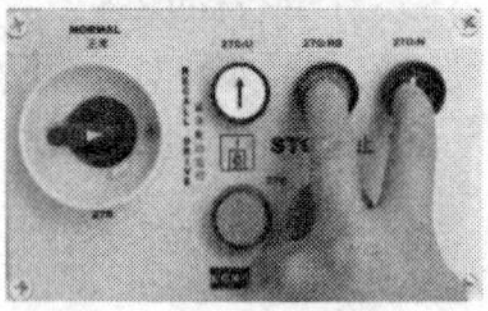

（3）装置标志 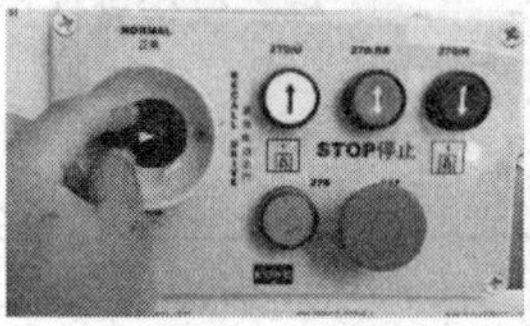</td><td>（1）手动测试是否可依靠持续揿压按钮（应急运行按钮、上行或下行按钮）来控制轿厢运行
1）将紧急电动运行开关置于“紧急电动运行”位置时，电梯是否能紧急电动运行 □是 □否
2）同时按下“应急运行”按钮和“上行”按钮，电梯是否能紧急电动运行，此时，释放“应急运行”按钮或“上行”按钮中任意一个，电梯是否能停止紧急电动运行 □是 □否
3）同时按下“应急运行”按钮和“下行”按钮，电梯是否能紧急电动运行，此时，释放“应急运行”按钮或“下行”按钮中任意一个，电梯是否能停止紧急电动运行 □是 □否
（2）测试防止误操作功能是否正常
1）按下“上行”或“下行”按钮中任意一个，电梯是否已不能启动运行 □是 □否
2）同时按下“上行”和“下行”按钮，电梯是否已不能启动运行 □是 □否
（3）目测观察紧急电动运行装置各按钮近旁或按钮上是否有运行方向等标志 □是 □否</td><td>□符合
□不符合</td></tr>
</table>

续表

项目	检验内容与要求	检验图示	检验过程及分析判定	检验结果
2.8 控制柜、紧急操作和动态测试装置 B	2）一旦进入检修运行，紧急电动运行装置控制轿厢运行的功能由检修控制装置所取代	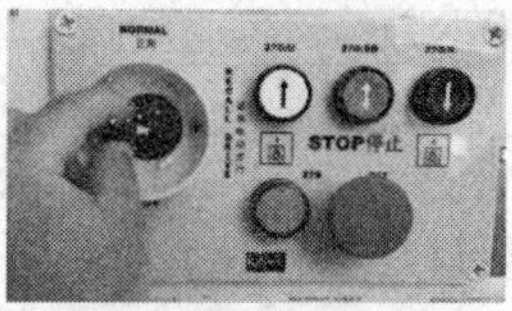 	（1）两人配合，将电梯正常运行至次顶层 □是 □否 （2）机房内将紧急电动运行开关置于“应急运行”状态 □是 □否 （3）按下“应急运行”按钮和“上行”按钮（或“下行”按钮），电梯能否紧急电动运行 □是 □否 （4）将电梯运行至次顶楼平层位置，以标准程序进入轿顶，此时轿顶急停开关是否处于有效动作位置，检修开关是否处于检修位置 □是 □否 （5）复位轿顶急停开关（轿顶检修开关在检修位置），在机房紧急电动运行电梯，电梯是否已不能启动运行 □是 □否 （6）按下轿顶“共用”按钮和“上行”按钮（或“下行”按钮），在轿顶是否能操作电梯检修运行 □是 □否 （7）经过上述步骤，判断轿顶检修运行是否优先于紧急电动运行装置控制轿厢运行 □是 □否	□符合 □不符合
	3）进行紧急电动运行操作时，易于观察到轿厢是否在开锁区		站在机房紧急电动运行电梯位置，目测观察是否能清晰看到曳引钢丝绳上轿厢在开锁区域的平层标记 □是 □否	□符合 □不符合

3．制作自检作业指导

制作断相/错相保护、紧急电动运行装置自检作业指导（word 文档）。要求图文并茂，作业指导能以图片或视频真实反映本项目的检验过程细节。

六、实施控制柜、紧急操作和动态测试装置检验（二）

1．准备知识

（1）认识无机房电梯的紧急操作和动态测试装置

通过互联网检索或查阅相关资料，回答下列问题。

1）无机房电梯紧急操作和动态测试装置俗称__________，一般安装在______________位置。

2）无机房电梯紧急操作和动态测试装置有什么作用?

3）对照图示两种典型的无机房电梯紧急操作和动态测试装置，查阅相关资料，实地观察该装置，简要说明该装置上一般设置哪些功能、功能按钮及开关。

三菱无机房电梯厅外维修盘

通力无机房电梯厅外维修盘

（2）认识层门和轿门旁路装置

通过互联网检索或查阅相关资料，回答下列问题。

1）层门和轿门旁路装置有什么作用?

2）写出图示层门和轿门的旁路开关中，各部分的名称及作用。

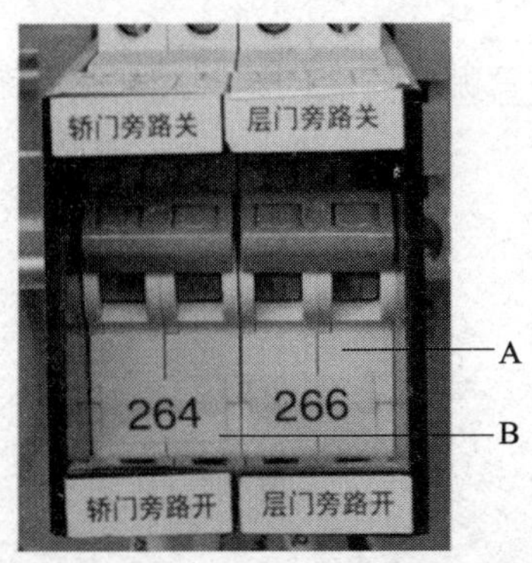

位置	开关名称	作用
A		
B		

3）查阅电梯电气原理图，识读并绘制层门和轿门旁路电路，分析其工作原理。

（3）查阅《电梯制造与安装安全规范》（GB 7588—2003）（含修改单），该标准对无机房紧急操作和动态测试装置、层门和轿门旁路装置有何要求？

（4）在本学习环节中，应注意哪些安全问题？应如何防范？

（5）查阅《检验规则》中相关内容和要求，简述无机房紧急操作和动态测试装置、层门和轿门旁路装置的检验要点和方法。

2．实施检验

（1）实施无机房紧急操作和动态测试装置的检验

按无机房紧急操作和动态测试装置检验的内容与要求，在教师的指导下完成该项目的自检，记录检验结果。检验过程中，用手机拍照或录像记录检验过程。

无机房紧急操作和动态测试装置检验记录

项目	检验内容与要求	检验图示	检验过程及分析判定	检验结果
2.8 控制柜、紧急操作和动态测试装置B	（5）无机房电梯的紧急操作和动态测试装置应当符合以下要求：			
	1）在任何情况下均能安全方便地从井道外接近和操作该装置		目测观察紧急操作和动态测试装置是否从井道外能方便接近并操作该装置 □是　□否	□符合 □不符合
	2）能够直接或者通过显示装置观察到轿厢的运动方向、速度以及是否位于开锁区		（1）确认轿厢内无人，将操作屏上的“检修开关”置于“检修”位置 □是　□否 （2）通过操作屏上检修按钮操纵电梯检修运行，通过直接的观察窗或显示装置，观察轿厢的运行方向、速度以及是否在开锁区 1）能观察运行方向 □是　□否 2）能观察运行速度 □是　□否 3）能观察到开锁区 □是　□否	□符合 □不符合
	3）装置上设有永久性照明和照明开关		（1）目测观察操作屏上是否设置永久性照明灯 □是　□否 （2）手动测试照明开关，检查照明灯是否点亮、有效工作 □是　□否	□符合 □不符合

续表

项目	检验内容与要求	检验图示	检验过程及分析判定	检验结果
	4）装置上设有停止装置或者主开关		（1）目测操作屏上是否设置了停止装置或主开关 □是 □否 （2）运行动作停止装置或按下主开关，电梯是否不能启动运行 □是 □否	□符合 □不符合

（2）实施层门和轿门旁路装置的检验

按层门和轿门旁路装置检验的内容与要求，在教师的指导下完成该项目的自检，记录检验结果。检验过程中，用手机拍照或录像记录检验过程。

层门和轿门旁路装置检验记录

项目	检验内容与要求	检验图示	检验过程及分析判定	检验结果
2.8 控制柜、紧急操作和动态测试装置B	（6）层门和轿门旁路装置应当符合以下要求：			
	1）在层门和轿门旁路装置上或者其附近标明“旁路”字样，并且标明旁路装置的“旁路”状态或者“关”状态		（1）目测层门旁路开关、轿门旁路开关上或附近是否标明“旁路”类似字样 □是 □否 （2）目测层门旁路开关、轿门旁路开关上或附近是否标明“旁路”状态或者“关”状态 □是 □否	□符合 □不符合
	2）旁路时取消正常运行（包括动力操作的自动门的任何运行）；只有在检修运行或者紧急电动运行状态下，轿厢才能够运行；运行期间，轿厢上的听觉信号和轿底的闪烁灯起作用		（1）进行轿门旁路开关测试，检查是否正常。正常情况下，将轿门旁路开关置于“轿门旁路开”位置，同时将层门旁路开关置于“层门旁路关”位置，电梯能以检修模式上、下运行；此时，按下层站召唤板上的上行或者下行呼梯按钮，电梯不能以正常模式运行。轿厢底部能听到报警信号，同时能观察到轿底的灯光闪烁信号 □是 □否	

续表

项目	检验内容与要求	检验图示	检验过程及分析判定	检验结果
2.8 控制柜、紧急操作和动态测试装置B	2）旁路时取消正常运行（包括动力操作的自动门的任何运行）；只有在检修运行或者紧急电动运行状态下，轿厢才能够运行；运行期间，轿厢上的听觉信号和轿底的闪烁灯起作用	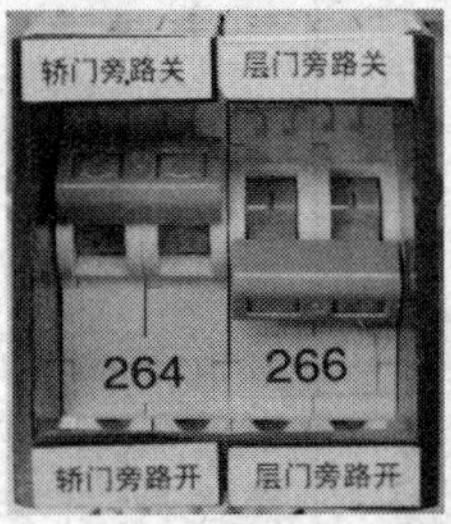 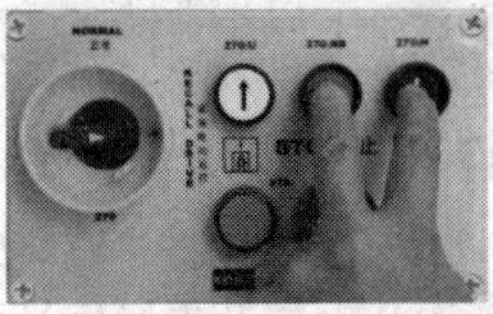	（2）进行层门旁路开关测试，检查是否正常。正常情况下，将层门旁路开关置于“层门旁路开”位置，并将轿门旁路开关置于“轿门旁路关”位置，电梯能以检修模式上、下运行；此时，按下层站召唤板上的上行或者下行呼梯按钮，电梯不能以正常模式运行。轿厢底部能听到报警信号，同时能观察到轿底的灯光闪烁信号 □是　□否	□符合 □不符合
			（3）测试轿门和层门旁路开关能否同时处于开位置。将轿门旁路开关和层门旁路开关同时置于开位置，应不能以检修模式运行电梯，也不能以正常模式运行电梯 □是　□否	
			（4）在紧急电动运行状态运行电梯时，用以上相同的方法测试轿门旁路开关、层门旁路开关是否有效 □是　□否	
	3）能够旁路层门关闭触点、层门门锁触点、轿门关闭触点、轿门门锁触点；不能同时旁路层门和轿门的触点；对于手动层门，不能同时旁路层门关闭触点和层门门锁触点	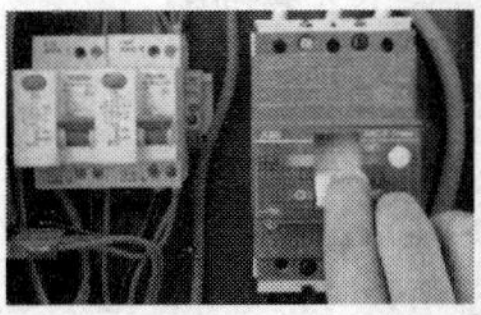	（1）轿门关闭触点和轿门锁触点的旁路测试 1）断开主开关，使用验电笔检查主开关是否已断开电源 □是　□否 2）检查轿门是否处于关闭状态 □是　□否 3）断开轿门关闭触点接线 □是　□否	

续表

项目	检验内容与要求	检验图示	检验过程及分析判定	检验结果
2.8 控制柜、紧急操作和动态测试装置 B	3）能够旁路层门关闭触点、层门门锁触点、轿门关闭触点、轿门门锁触点；不能同时旁路层门和轿门的触点；对于手动层门，不能同时旁路层门关闭触点和层门门锁触点	 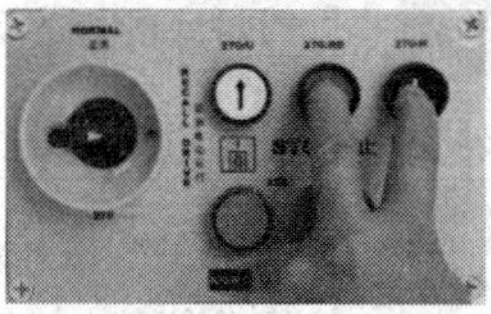	4）将轿门旁路开关置于“轿门旁路开”位置，同时将层门旁路开关置于“层门旁路关”位置，检查是否能以检修模式或紧急电动运行模式上、下运行电梯，不能以正常模式运行电梯 □是 □否 5）检修运行或紧急电动运行时，轿厢底部是否发出声音报警信号和灯光闪烁信号 □是 □否 6）用以上方法测试轿门锁触点的旁路开关是否正常 □是 □否	□符合 □不符合
		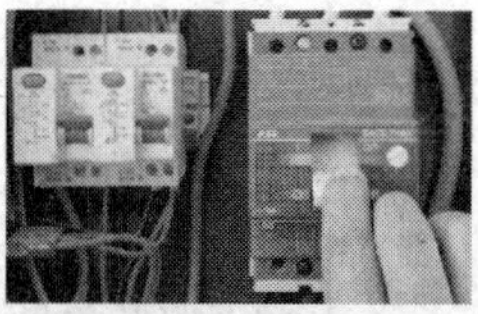 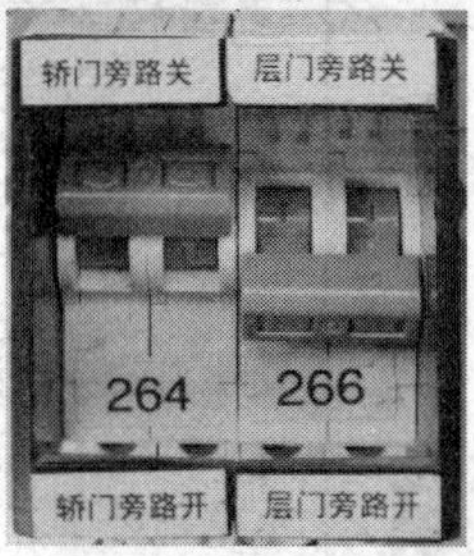 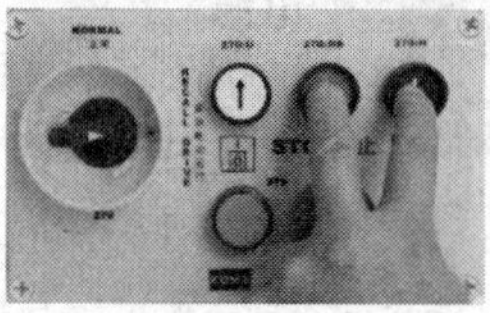	（2）层门关闭触点和层门锁触点的旁路测试 用以上方法测试层门关闭触点和层门锁触点的旁路是否有效 □是 □否	

续表

项目	检验内容与要求	检验图示	检验过程及分析判定	检验结果
2.8 控制柜、紧急操作和动态测试装置B	3）能够旁路层门关闭触点、层门门锁触点、轿门关闭触点、轿门门锁触点；不能同时旁路层门和轿门的触点；对于手动层门，不能同时旁路层门关闭触点和层门门锁触点	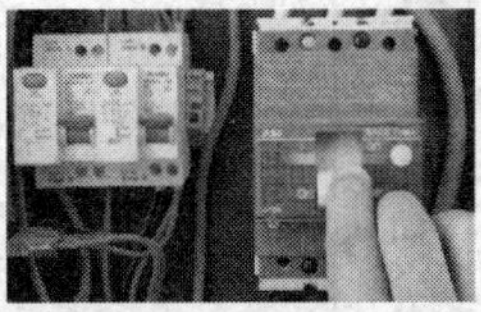  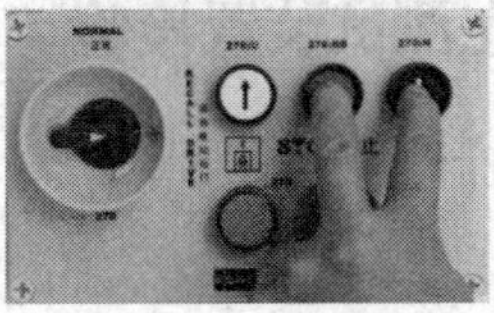	（3）层门触点和轿门触点不能同时旁路测试 1）断开主开关，使用验电笔检查主开关是否已断开电源　□是　□否 2）检查轿门、层门是否处于关闭状态　□是　□否 3）同时断开轿门触点和层门触点接线　□是　□否 4）将轿门旁路开关置于“轿门旁路开”位置，同时将层门旁路开关置于“层门旁路关”位置，检查是否已不能以检修模式或紧急电动运行模式上、下运行电梯，也不能以正常模式运行电梯　□是　□否 5）将层门旁路开关置于“层门旁路开”位置，同时将轿门旁路开关置于“轿门旁路关”位置，检查是否已不能以检修模式或紧急电动运行模式上、下运行电梯，也不能以正常模式运行电梯　□是　□否	
			（4）手动层门旁路测试。用以上相类似方法测试层门旁路开关置于旁路开位置时，是否已不能同时旁路层门关闭触点和层门门锁触点　□是　□否	
	4）提供独立的监控信号证实轿门处于关闭位置	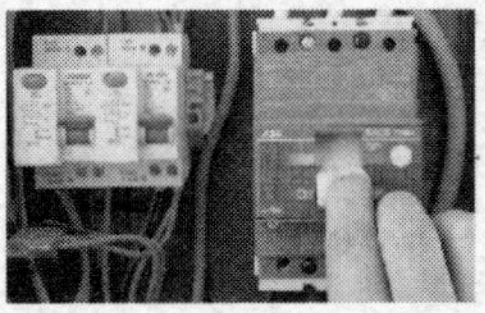	（1）断开主开关，使用验电笔检查主开关是否已断开电源　□是　否 （2）检查轿门是否处于关闭状态　□是　□否	□符合 □不符合

续表

项目	检验内容与要求	检验图示	检验过程及分析判定	检验结果
2.8 控制柜、紧急操作和动态测试装置 B	4）提供独立的监控信号证实轿门处于关闭位置	轿门旁路关 层门旁路关 264 266 轿门旁路开 层门旁路开	（3）断开轿门关闭触点接线 □是 □否 （4）合闸主开关，将层门旁路开关置于“层门旁路开”位置，同时将轿门旁路开关置于“轿门旁路关”位置，检查是否已不能以检修模式或紧急电动运行模式上、下运行电梯，也不能以正常模式运行电梯 □是 □否	

3．制作自检作业指导

制作无机房紧急操作和动态测试装置、层门和轿门旁路装置自检作业指导（word 文档）。要求图文并茂，作业指导能以图片或视频真实反映本项目的检验过程细节。

七、实施控制柜、紧急操作和动态测试装置检验（三）

1．准备知识

（1）认识门回路检测功能

通过互联网检索或查阅相关资料，回答下列问题。

1）门回路检测功能有什么作用？

2）查阅电梯电气原理图，找出并绘制门回路检测电路，分析其工作原理。

（2）认识制动器故障保护

通过互联网检索或查阅相关资料，回答下列问题。

1）制动器故障保护的作用是什么？

2）查阅电梯电气原理图，找出并识读制动器故障保护原理图，分析其工作原理。

（3）认识自动救援操作装置

通过互联网检索或查阅相关资料，回答下列问题。

1）简述自动救援装置的作用及分类。

2）简述自动救援装置的工作原理。

3）查阅电梯电气原理图，识读自动救援装置对应电梯电气原理图，分析其工作原理。

4）检验自动救援装置时，模拟外电网电源断电的总电源开关与电梯主电源开关有何区别和联系？

（4）在本学习环节中，应注意哪些安全问题？应如何防范？

（5）查阅《检验规则》中相关内容和要求，简述门回路检验功能、制动器故障保护及自动救援操作装置的检验要点和方法。

2．实施检验

（1）实施门回路检测功能的检验

按门回路检测功能检验的内容与要求，在教师的指导下完成该项目的自检，记录检验结果。检验过程中，用手机拍照或录像记录检验过程。

门回路检测功能检验记录

项目	检验内容与要求	检验图示	检验过程及分析判定	检验结果
2.8 控制柜、紧急操作和动态测试装置B	（7）应具有门回路检测功能，当轿厢在开锁区域内、轿门开启并且层门门锁释放时，监测检查轿门关闭位置的电气安全装置、检查层门门锁锁紧位置的电气安全装置和轿门监控信号的正确动作；如果监测到上述装置的故障，能够防止电梯的继续带故障按正常操作运行	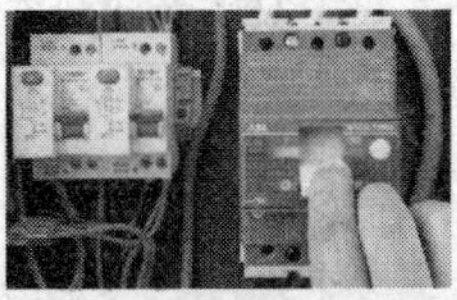  	（1）轿门回路检测 1）将电梯轿厢运行至测试层站上一层　□是　□否 2）断开主开关，使用验电笔检查主开关是否已断开电源　□是　□否 3）检查轿门是否处于关闭状态　□是　□否 4）短接轿门回路触点　□是　□否 5）合上主开关，送上电源　□是　□否 6）按下测试层站厅外呼梯信号，电梯轿厢运行至开锁区域开门后，停止运行，按下其他层站呼梯信号，电梯是否不响应任何呼梯信号而运行　□是　□否 7）测试结束，断开主开关，确认无电，拆除短接线　□是　□否 8）若有轿厢贯通门，用以上相同方法进行测试，是否正常　□是　□否	□符合 □不符合
		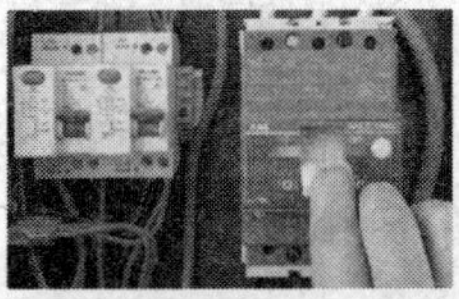  	（2）层门回路测试 用以轿门回路测试类似的方法测试层门回路的功能，是否正常　□是　□否	

续表

项目	检验内容与要求	检验图示	检验过程及分析判定	检验结果
2.8 控制柜、紧急操作和动态测试装置 B	（7）应具有门回路检测功能，当轿厢在开锁区域内、轿门开启并且层门门锁释放时，监测检查轿门关闭位置的电气安全装置、检查层门门锁锁紧位置的电气安全装置和轿门监控信号的正确动作；如果监测到上述装置的故障，能够防止电梯的继续带故障正常操作运行		（3）轿门监控信号测试 1）断开主开关，使用验电笔检查主开关是否已断开电源 □是 □否 2）检查轿门、层门是否处于关闭状态 □是 □否 3）断开轿门关闭触点接线 □是 □否 4）合上主开关，送上电源 □是 □否 5）给电梯一个内呼或外呼召唤信号 □是 □否 6）检查电梯是否不能响应召唤信号运行 □是 □否	

（2）实施制动器故障保护的检验

按制动器故障保护检验的内容与要求，在教师的指导下完成该项目的自检，记录检验结果。检验过程中，用手机拍照或录像记录检验过程。

制动器故障保护检验记录

项目	检验内容与要求	检验图示	检验过程及分析判定	检验结果
2.8 控制柜、紧急操作和动态测试装置 B	（8）应具有制动器故障保护功能，当监测到制动器的提起（或者释放）失效时，能够防止电梯带故障按正常操作启动		以通力小机房电梯为例： （1）断开主开关，使用验电笔检查是否已断电 □是 □否 （2）拔出制动器一侧抱闸电源连接插头 □是 □否 （3）机房内紧急电动运行电梯，观察制动器拆除电源连接插头一侧是否未提起松闸，电梯是否不能启动运行 □是 □否 （4）断开主开关，恢复已拔出的制动器一侧电源连接 □是 □否 （5）按以上步骤（2）~（4）进行制动器另一侧拉闸的测试，是否正常 □是 □否	□符合 □不符合

（3）实施自动救援操作装置的检验

按自动救援装置检验的内容与要求，在教师的指导下完成该项目的自检，记录检验结果。检验过程中，用手机拍照或录像记录检验过程。

自动救援操作装置检验记录

项目	检验内容与要求	检验图示	检验过程及分析判定	检验结果
2.8 控制柜、紧急操作和动态测试装置 B	（9）自动救援操作装置（如果有）应当符合以下要求：			
	1）设有铭牌，标明制造单位名称、产品型号、产品编号、主要技术参数，加装的自动救援操作装置的铭牌和该装置的产品质量证明文件相符		（1）目测观察自动救援装置是否设有铭牌，铭牌上是否标明制造单位名称、产品型号、产品编号、主要技术参数等　□是　□否 （2）查阅自动救援装置的产品质量证明文件，记录以下数据； 1）制造单位名称：______ ______________ 2）产品型号：________ 3）产品编号：________ 4）主要技术参数：______ ______________ ______________ （3）核实产品质量证明文件与铭牌内容是否一致　□是　□否	□符合 □不符合
	2）在外电网断电至少等待 3 s 后自动投入救援运行，电梯自动平层并且开门		（1）控制柜禁止开关门和厅外呼梯，使用电梯快车运行　□是　□否 （2）当电梯轿厢运行在两层楼之间，非平层位置时，切断总电源开关（外电网总电源），使用计时器开始计时　□是　□否 （3）当计时时间达到 3 s 后，自动救援操作装置是否投入运行　□是　□否 （4）目测观察电梯是否自动平层（观察机房平层标记）且开门　□是　□否	□符合 □不符合

续表

项目	检验内容与要求	检验图示	检验过程及分析判定	检验结果
2.8 控制柜、紧急操作和动态测试装置 B	3）当电梯处于检修运行、紧急电动运行、电气安全装置动作或主开关断开时，不得投入救援运行		（1）按标准程序进入轿厢顶，电梯以检修模式运行 □是 □否 （2）当轿厢在两层楼之间，非平层位置，切断总电源，使用计时器开始计时 □是 □否 （3）当计时时间达到 3 s 后，自动救援操作装置是否没有投入运行 □是 □否 （4）对于紧急电动运行、电气安全装置动作、主开关断开等情况的测试，按以上（2）~（3）步骤进行测试，是否正常 □是 □否	□符合 □不符合
	4）设有一个非自动复位的开关，当该开关处于关闭状态时，该装置不能启动救援运行		（1）人为使自动救援装置运行开关处于有效位置 □是 □否 （2）在正常状态下运行电梯 □是 □否 （3）当电梯轿厢运行在两层楼之间，非平层位置时，切断总电源，使用计时器开始计时 □是 □否 （4）当计时时间达到 3 s 后，自动救援操作装置是否没有投入运行 □是 □否	□符合 □不符合

3．制作自检作业指导

制作门回路检验功能、制动器保护、自动救援装置自检作业指导（word 文档）。要求图文并茂，作业指导能以图片或视频真实反映本项目的检验过程细节。

八、实施限速器检验

1．认识限速器

（1）简述限速器的分类和作用。

（2）观察图示限速器的结构，写出各部分的名称。

限速器的结构

图示	部件位置	部件名称
 A B C D E F G H I J K L M L	A	
	B	
	C	
	D	
	E	
	F	
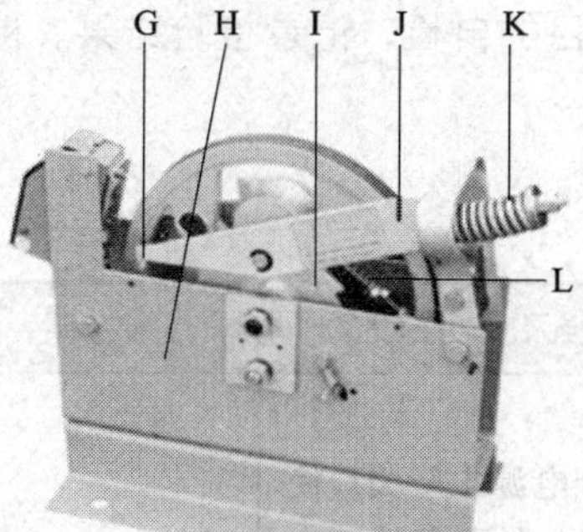	G	
	H	
	I	
	J	
	K	
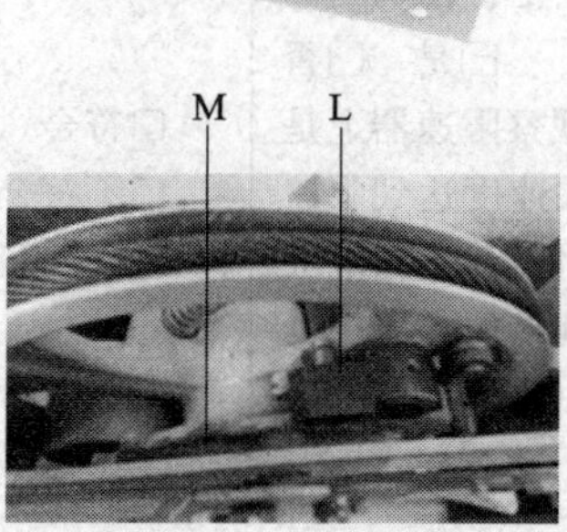	L	
	M	

（3）在本学习环节中，应注意哪些安全问题？应如何防范？

（4）查阅《电梯制造与安装安全规范》（GB 7588—2003）（含修改单），该标准对限速器有何要求？

（5）查阅《检验规则》中相关内容和要求，简述限速器的检验要点和方法。

2．实施限速器的检验

按限速器检验的内容与要求，在教师的指导下完成该项目的自检，记录检验结果。检验过程中，用手机拍照或录像记录检验过程。

限速器检验记录

项目	检验内容与要求	检验图示	检验过程及分析判定	检验结果
2.9 限速器	（2）限速器或者其他装置上设有在轿厢上行或者下行速度达到限速器动作速度之前动作的电气安全装置，以及验证限速器复位状态的电气安全装置	电气开关	（1）断开电源主开关，使用验电笔检查是否已切断电源 □是 □否 （2）目测观察限速器上是否设置了轿厢速度达到限速器动作速度之前动作的电气开关和验证其复位的电气开关 □是 □否	□符合 □不符合

续表

项目	检验内容与要求	检验图示	检验过程及分析判定	检验结果
2.9 限速器	（3）限速器各调节部位封记完好，运转时不得出现碰擦、卡阻、转动不灵活等现象，动作正常	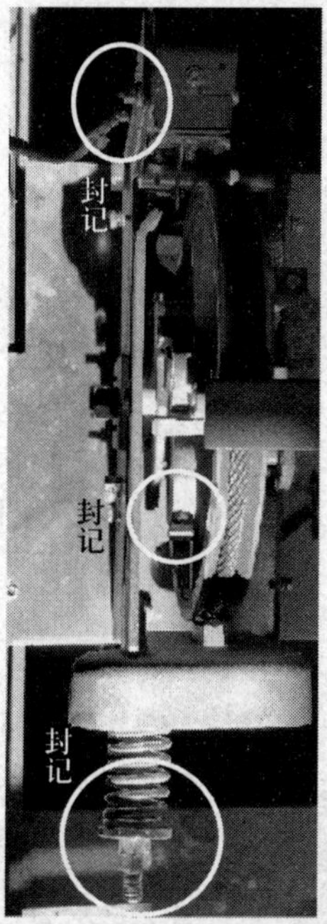  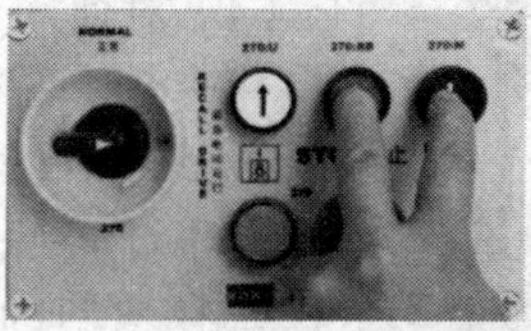  封记 封记 封记	（1）封记检查 1）断开主开关，使用验电笔检查是否无电 □是 □否 2）目测观察限速器各调节部件是否封记完好 □是 □否 （2）运转灵活性检查 1）机房紧急电动运行电梯 □是 □否 2）目测观察限速器是否转动灵活，无碰擦、卡阻 □是 □否 （3）动作正常检查 1）将电梯轿厢开至顶层的下一层，检查轿厢是否无人 □是 □否 2）在机房内打开限速器罩（若有） □是 □否 3）在机房内人为动作限速器棘齿 □是 □否 4）轿顶检修使电梯向下运行，检查此时限速器电气开关是否动作，电梯停止运行 □是 □否 5）机房内短接限速器电气开关（若需短接），继续检修向下运行电梯，检查状态是否正常，此时，限速器卡绳装置应动作，夹持限速器钢丝绳，提拉安全钳动作，曳引钢丝绳应在曳引轮上打滑，说明安全钳已动作，夹持轿厢于导轨上 □是 □否	□符合 □不符合

续表

<table>
<tr><th>项目</th><th>检验内容与要求</th><th>检验图示</th><th>检验过程及分析判定</th><th>检验结果</th></tr>
<tr><td rowspan="2">2.9
限速器</td><td>（3）限速器各调节部位封记完好，运转时不得出现碰擦、卡阻、转动不灵活等现象，动作正常</td><td></td><td>6）紧急电动向上短距离运行电梯，此时，检查限速器和安全钳是否复位
□是 □否
7）人为复位限速器棘齿和电气开关（不能自动复位时） □是 □否
8）人为复位安全钳电气开关（不能自动复位时）
□是 □否
9）安装限速器罩（若有），恢复电梯运行
□是 □否</td><td></td></tr>
<tr><td>（4）受检电梯的维护保养单位应每2年（对于使用年限不超过15年的限速器）或者每年（对于使用年限超过15年的限速器）进行一次限速器动作速度校验，校验结果应符合要求</td><td>   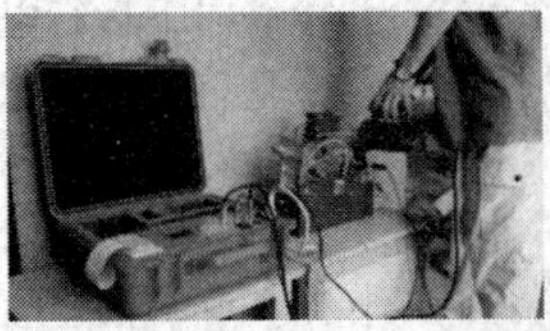</td><td>（1）查阅限速器调试证书，限速器最初调试日期（投入使用起始日期）为__________，限速器使用年限为__________年
（2）查阅最近两次限速器校验报告及检验日期，上次校验日期为______________，本次检验日期为__________
（3）最近两次检验日期的间隔为__________年
（4）对使用年限不超过15年的电梯，两次校验日期间隔应不超过2年；对使用年限超过15年的电梯，两校验日期间隔应不超过1年。检查受检电梯是否符合标准 □是 □否
（5）审查限速器动作速度检验记录，对照限速器铭牌上的相关参数，判断校验结果是否符合要求
□是 □否</td><td>□符合
□不符合</td></tr>
</table>

3．制作自检作业指导

制作限速器自检作业指导（word 文档）。要求图文并茂，作业指导能以图片或视频真实反映本项目的检验过程细节。

九、实施接地和电气绝缘检验

1．认识接地和电气绝缘

（1）认识接地

查阅相关资料或到互联网检索，回答下列问题。

1）＿＿＿＿＿指电力系统和电气装置的中性点、电气设备的外露导电部分和装置外导电部分经由导体与大地相连。可以分为工作接地、防雷接地和＿＿＿＿＿。

2）《检验规则》的“2.10 接地连接 C”规定：“所有电气设备及线管、线槽的外露可以导电部分应当与保护导体（PE，地线）可靠连接”。该条款中的“所有电气设备”主要指哪些设备?

（2）认识电气绝缘

查阅相关资料或到互联网检索，回答下列问题。

1）简述电梯的动力电路包括哪些电路。

2）简述电梯的照明电路包括哪些电路。

3）简述电梯的安全电路包括哪些电路。

4）查阅电梯电气原理图，指出原理图中的动力电路、照明电路和安全电路。到电梯检验现场，实地指出电梯动力电路、照明电路及安全电路的安装位置，使用手机拍照或录像记录你所认识的这些电路，说明电路的安装位置、电路中电器元件名称、代号及规格，制作一份关于认识动力电路、照明电路和电气安全电路的Word文档。

（3）查阅《电梯制造与安装安全规范》（GB 7588—2003）（含修改单），该标准对电气绝缘和接地有何要求？

（4）在本学习环节中，应注意哪些安全问题？应如何防范？

（5）查阅《检验规则》中相关内容和要求，简述接地和电气绝缘的检验要点和方法。

2．实施检验

（1）实施接地检验

按接地检验的内容与要求，在教师的指导下完成该项目的自检，记录检验结果。检验过程中，用手机拍照或录像记录检验过程。

接地检验记录

项目	检验内容与要求	检验图示	检验过程及分析判定	检验结果
2.10 接地 C	（2）所有电气设备及线管、线槽的外露可以导电部分应与保护导体（PE，地线）可靠连接		（1）断开电梯总电源，使用验电笔检查是否已断电　□是　□否 （2）执行拉闸、上锁、挂牌程序　□是　□否 （3）目测或使用万用表的“蜂鸣器”挡测量所有电气设备的导电部分与保护导体PE线的连通性，检查是否每次测量万用表蜂鸣器都发出“嘀嘀”声响　□是　□否 （4）按步骤（3）测量线管、线槽与PE线的连通性是否合格　□是　□否	□符合 □不符合

（2）实施电气绝缘检验

按电气绝缘检验的内容与要求，在教师的指导下完成该项目的自检，记录检验结果。检验过程中，用手机拍照或录像记录检验过程。

电气绝缘检验记录

<table>
<tr><th>项目</th><th>检验内容与要求</th><th>检验图示</th><th>检验过程及分析判定</th><th>检验结果</th></tr>
<tr>
<td>2.11
电气
绝缘
C</td>
<td>动力电路、照明电路和电气安全装置电路的绝缘电阻应符合下述要求：
<table>
<tr><th>标称电压/V</th><th>测试电压（直流）/V</th><th>绝缘电阻/MΩ</th></tr>
<tr><td>安全电压</td><td>250</td><td>≥ 0.25</td></tr>
<tr><td>≤ 500 V</td><td>500</td><td>≥ 0.50</td></tr>
<tr><td>> 500 V</td><td>1 000</td><td>≥ 1.00</td></tr>
</table>
</td>
<td></td>
<td>（1）切断电梯总电源，使用验电笔检查是否已无电，执行拉闸、上锁、挂牌程序
□是 □否
（2）拆除总零线及总地线
□是 □否
（3）动力电路绝缘电阻测试
1）选用 500 V 兆欧表
□是 □否
2）确认兆欧表完好、正常 □是 □否
3）将三相电 L1、L2、L3 和 N 线短接
□是 □否
4）使用兆欧表测量三相动力电与 PE 线之间的绝缘电阻，绝缘电阻值为________MΩ
5）检查的动力电路绝缘电阻值是否大于等于 1 MΩ □是 □否
（4）照明电路、电气安全电路绝缘电阻测试
1）拆开照明电路（或电气安全电路）PCB 板的连接（若有） □是 □否
2）采用与步骤（3）类似的方法，分别测量井道照明电路、轿厢照明电路、机房照明电路和电气安全电路的绝缘电阻值：
井道照明：________MΩ
轿厢照明：________MΩ
机房照明：________MΩ
安全电路：________MΩ
□是 □否</td>
<td>□符合
□不符合</td>
</tr>
</table>

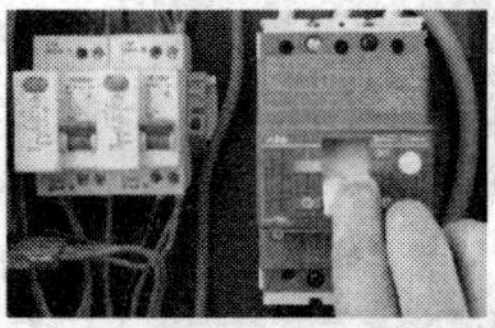

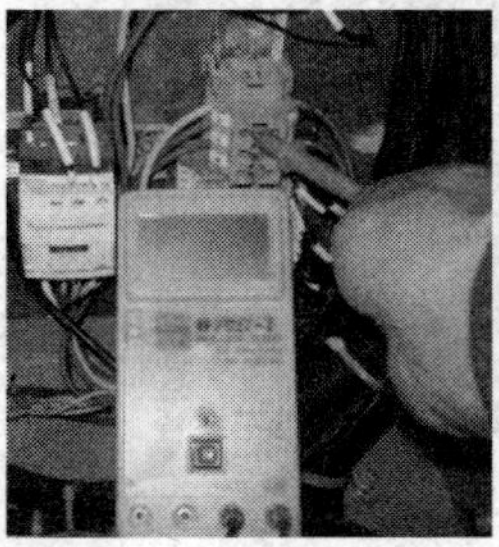

续表

项目	检验内容与要求	检验图示	检验过程及分析判定	检验结果
2.11 电气绝缘 C			3）检查所有照明电路绝缘电阻值是否大于等于 0.5 MΩ；电气安全电路绝缘电阻值是否大于等于 0.25 MΩ □是　□否	

3．制作检验指导

制作接地、电气绝缘自检作业指导（word 文档）。要求图文并茂，作业指导能以图片或视频真实反映本项目的检验过程细节。

十、竣工及验收

1．填写自检报告

根据检验记录，填写“机房及相关设备自检报告”，判定各个检验项目的检验结论，记录检验记录和结论。

2．存在不合格项的处理

（1）当检验结论存在不合格项时，填写“工作联系单”，并与使用单位沟通，明确整改工作内容，指导使用单位整改。同时，将不合格项及原因记录在“机房及相关设备自检报告”的“存在问题及整改情况”栏目中。

工作联系单

编号：

工程名称		日　期	
接收单位		抄送单位	
主题			
接收单位		发出单位	
负 责 人		技术负责人	

（2）使用单位整改完毕，对使用单位的整改情况进行复检，直至合格，同时，将整改情况记录在“机房及相关设备自检报告”的“存在问题及整改情况”栏目中。

3．交付验收

（1）现场检验（包括整改复检合格）全部项目合格后，在“机房及相关设备自检报告”的“自检结论”栏目填写自检意见和自检结论，将“机房及相关设备自检报告”交付维保单位技术负责人（教师）进行审核，经过审核人签字后，加盖维保单位公章。

（2）将加盖维保单位公章的“机房及相关设备自检报告”交付使用单位负责人确认，并加盖使用单位公章，然后将一份自检报告提交到维保单位存档。

4．收尾工作

自检工作完全结束后，将检验前领用的工具、仪器、材料及资料等归还给管理员，填写学习活动 2 相关表格中的内容。

学习活动 4　工作总结与评价

学习目标

1. 能按分组情况，派代表展示工作成果，说明本次任务的完成情况，并做分析总结。

2. 能结合任务完成情况，正确规范地撰写工作总结。

3. 能就本次任务中出现的问题提出改进措施。

4. 能对学习与工作进行反思总结，并能与他人开展良好合作，进行有效沟通。

建议学时：4 学时

学习过程

一、个人、小组评价

以小组为单位，选择演示文稿、展板、海报、视频等形式中的一种或几种，向全班展示、汇报成果。在展示的过程中，以小组为单位进行评价；评价完成后，根据其他小组成员对本组展示成果的评价意见进行归纳总结。

汇报设计思路：

其他小组成员的评价意见：

二、教师评价

认真听取教师对本小组展示成果优缺点以及在完成任务过程中出现的亮点和不足的评价意见，并做好记录。

1．教师对本小组展示成果优点的点评。

2．教师对本小组展示成果缺点及改进方法的点评。

3．教师对本小组在整个任务完成过程中出现的亮点和不足的点评。

三、工作过程回顾及总结

1．在团队学习过程中，项目负责人给你分配了哪些工作任务？你是如何完成的？还有哪些需要改进的地方？

2．总结完成任务过程中遇到的问题和困难，列举 2 ～ 3 点你认为比较值得与其他同学分享的工作经验。

3．回顾本学习任务的工作过程，对新学专业知识和技能进行归纳和整理，撰写工作总结。

评价与分析

按照客观、公正和公平原则，在教师的指导下按自我评价、小组评价和教师评价三种方式对自己或他人在本学习任务中的表现进行综合评价。综合等级按：A（90 ~ 100）、B（75 ~ 89）、C（60 ~ 74）、D（0 ~ 59）四个级别进行填写。

学习任务综合评价表

考核项目	评价内容	配分（分）	评价分数		
			自我评价	小组评价	教师评价
职业素养	劳动保护用品穿戴完备，仪容仪表符合工作要求	5			
	安全意识、责任意识、服从意识强	6			
	积极参加教学活动，按时完成各项学习任务	6			
	团队合作意识强，善于与人交流和沟通	6			
	自觉遵守劳动纪律，尊敬师长，团结同学	6			
	爱护公物，节约材料，管理现场符合 6S 标准	6			

续表

考核项目	评价内容	配分（分）	评价分数		
			自我评价	小组评价	教师评价
专业能力	专业知识扎实，有较强的自学能力	10			
	操作积极，训练刻苦，具有一定的动手能力	15			
	任务完成规范，工作效率高	10			
工作成果	自检报告填写规范，质量高	20			
	工作总结符合要求	10			
总分		100			
总评	自我评价 ×20%+小组评价 ×20%+教师评价 ×60%=	综合等级	教师（签名）：		

学习任务三　井道及相关设备定期检验

学习目标

1. 能阅读工作任务单，明确工作任务内容及要点，认识电梯机房相关部件，接受安全交底。

2. 能明确检验工作流程，制订工作计划，安排、组织人员；能与使用单位沟通，明确使用单位应准备及配合相关工作；能准备检验所需工具、仪器等，并进行完好性检查。

3. 能进行检验开始前的现场准备工作；能根据《检验规则》附件 A 中“3.4（3）、3.4（4）、3.5（3）、3.5（4）、3.7、3.10、3.11、3.12（1）、3.12（3）、3.14（2）、3.15（3）、3.15（4）、3.15（5）”的检验项目、内容与要求，实施井道及相关设备自检，填写检验过程记录，制作检验指导；当检验存在不合格项时，能规范填写“工作联系单”，并与使用单位沟通，正确处理相关事项；检验结束后，能规范填写“井道及相关设备自检报告”，提交班组长验收。

4. 能撰写、汇报工作总结，改进、完善工作中存在的问题。

建议学时

40 学时

工作情境描述

某电梯公司维保 1 台有机房曳引驱动乘客电梯，该电梯的额定载重量为 1 000 kg，额定速度为 1.0 m/s，共有 3 层 3 站，采用微机集选控制方式，距离电梯使用标志标注的下次检验日期还有 1 个月，现因申请特种设备检验检测机构定期检验前年度自行检查的需要，维保组长安排电梯维保工完成该台电梯井道及相关设备检验，工期为 2 天，检验地点为电梯使用现场，当前该电梯已按年度保养项目及要求完成了年度保养。

工作流程与活动

学习活动 1　明确工作任务（4 学时）

学习活动 2　检验前的准备工作（2 学时）

学习活动 3　实施井道及相关设备自检（30 学时）

学习活动 4　工作总结与评价（4 学时）

学习活动1 明确工作任务

学习目标

1. 能阅读工作任务单，明确任务内容、要点及要求。

2. 能描述电梯建筑物空间电梯部件、井道内设备和部件组成，明确检验项目、内容及要求，认识井道及相关设备检验中的各种装置和电器元件。

3. 能描述安全技术交底概念，接受安全交底。

建议学时 4学时

学习过程

一、获取工作任务

阅读工作任务单、井道及相关设备自检报告，通过互联网检索或查阅相关资料，了解本次工作任务的内容、工期及验收标准等要求，回答表后所列问题。本次检验工作的自检报告在本次工作结束时填写。

工作任务单

流水号	2020-10-038	任务名称	井道及相关设备定期检验自检
工期	2天	开工日期	2020.5.13—5.14
任务描述	某电梯维保单位与某电梯使用单位签订了维保合同，维保1台有机房曳引驱动乘客电梯，该电梯的额定载重量为1 000 kg，额定速度为1.0 m/s，3层3站，距离电梯使用标志标注的下次检验日期还有1个月，现因申请特种设备检验检测机构定期检验前年度自行检查的需要，维保组长安排本组组员完成该台电梯定期检验井道及相关设备检验，检验项目及内容依据《检验规则》附件A中“3.4（3）、3.4（4）、3.5（3）、3.5（4）、3.7、3.10、3.11、3.12（1）、3.12（3）、3.14（2）、3.15（3）、3.15（4）、3.15（5）”进行，检验结论需达到其中检验要求的		

续表

任务描述	规定，检验过程中记录检验结果和检验结论，检验结束，填写“井道及相关设备检验报告”，工期为 2 天，检验地点为电梯使用现场，完成后交付验收。当前该电梯已按年度保养项目及要求完成了年度保养。具体要求如下： （1）自检过程中，记录自检结果和结论。 （2）自检过程中，使用手机拍照或录像记录自检过程或关键点，使用 word 制作井道及相关设备自检作业指导书，作业指导书应能详细反映检验项目的检验过程。 （3）现场自检完毕，若存在问题需要整改，规范填写“工作联系单”，与使用单位沟通、交流，指导使用单位完成整改。 （4）根据《检验规则》要求，完成使用单位井道及相关设备的自检，规范填写“井道及相关设备检验报告”，提交维保组长验收。		
使用单位	××× 物业管理有限公司		
使用地址	×× 市 ×× 区银河大道 ×× 小区 12 幢		
设备注册代码		设备内部编号	L8
安全管理人员	徐健	电话	0871–88888888
设备名称	曳引驱动乘客电梯	型号	TKJ 1000/1.0 JXW
额定载重量	1 000 kg	额定速度	1.0 m/s
层站数	3 层 3 站	控制方式	微机集选
是否经过改造	是□　　否☑		
审查人员		复检人	
工作单签发人		签发日期	

井道及相关设备自检报告

项目及类别		检验内容与要求	检验结果	检验结论
3. 井道及相关设备	3.4 井道安全门 C	（3）门上应装设用钥匙开启的锁，当门开启后不用钥匙能够将其关闭和锁住，在门锁住后，不用钥匙能够从井道内将门打开		
		（4）应设置电气安全装置以验证门的关闭状态		
	3.5 井道检修门 C	（3）应装设用钥匙开启的锁，当门开启后不用钥匙能够将其关闭和锁住，在门锁住后，不用钥匙也能够从井道内将门打开		
		（4）应设置电气安全装置以验证门的关闭状态		
	3.7 轿厢与井道壁距离 B	（1）轿厢与面对轿厢入口的井道壁间距不大于 0.15 m		
		（2）对于局部高度小于 0.50 m 或者采用垂直滑动门的载货电梯，该间距可以增加到 0.20 m		
		（3）如果轿厢装有机械锁紧的门并且门只能在开锁区内打开时，则上述间距不受限制		

续表

<table>
<tr><th colspan="2">项目及类别</th><th>检验内容与要求</th><th>检验结果</th><th>检验结论</th></tr>
<tr><td rowspan="9">3. 井道及相关设备</td><td>3.10 极限开关 B</td><td>井道上下两端应装设极限开关，该开关在轿厢或者对重（如有）接触缓冲器前起作用，并且在缓冲器被压缩期间保持其动作状态。强制驱动电梯的极限开关动作后，应当以强制的机械方法直接切断驱动主机和制动器的供电回路</td><td></td><td></td></tr>
<tr><td>3.11 井道照明 C</td><td>井道应装设永久式电气照明。对于部分封闭井道，如果井道附近有足够的电气照明，井道内可以不设照明</td><td></td><td></td></tr>
<tr><td rowspan="2">3.12 底坑设施与装置 C</td><td>（1）底坑底部应平整，不得渗水、漏水</td><td></td><td rowspan="2"></td></tr>
<tr><td>（3）底坑内应设置在进入底坑时和底坑地面上均能方便操作的停止装置，停止装置的操作装置为双稳态、红色、标以“停止”字样，并且有防止误操作的保护</td><td></td></tr>
<tr><td>3.14 限速绳张紧装置 B</td><td>（2）当限速器绳断裂或者过分伸长时，应通过一个电气安全装置的作用，使电梯停止运转</td><td></td><td></td></tr>
<tr><td rowspan="3">3.15 缓冲器 B</td><td>（3）缓冲器应固定可靠、无明显倾斜，并且无断裂、塑性变形、剥落、破损等现象</td><td></td><td rowspan="3"></td></tr>
<tr><td>（4）耗能型缓冲器液位应正确，有验证柱塞复位的电气安全装置</td><td></td></tr>
<tr><td>（5）对重缓冲器附近应设置永久性的明显标识，标明当轿厢位于顶层端站平层位置时，对重装置撞板与其缓冲器顶面间的最大允许垂直距离；并且该垂直距离不超过最大允许值</td><td></td></tr>
<tr><td colspan="5">存在问题及整改情况</td></tr>
<tr><td colspan="5"></td></tr>
<tr><td colspan="5">自检结论</td></tr>
<tr><td colspan="3"></td><td colspan="2" rowspan="3">维保单位（公章）

年　月　日</td></tr>
<tr><td colspan="2">自检人：</td><td>日期：</td></tr>
<tr><td colspan="2">审核人：</td><td>日期：</td></tr>
</table>

续表

<table>
<tr><th colspan="2">使用单位意见</th></tr>
<tr><td></td><td rowspan="2">使用单位（公章）

年　月　日</td></tr>
<tr><td>使用单位负责人：　　　　日期：</td></tr>
</table>

1．该项工作的具体内容是什么？

2．该项工作要求什么时间开始做？多长时间完成？

3．该项工作的验收标准是什么？

二、认识井道电梯部件

对照有机房电梯的井道示意图，通过互联网检索或查阅相关资料，补全各部分的作用。

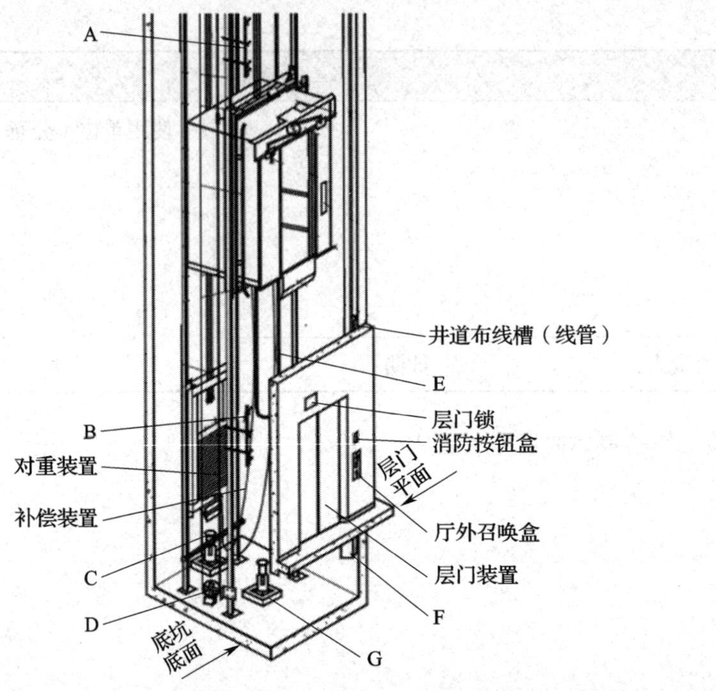

位置	名称	作用
A	上极限	
B	下极限	
C	对重缓冲器	
D	张紧装置	
E	随行电缆	（1）提供轿厢电力供应（轿厢照明、通风等） （2）实现机房控制柜与轿厢的通信（内选指令板指令信号及显示等） （3）传送安全开关信号（安全钳、安全窗电气开关等）
F	底坑停止装置	
G	轿厢缓冲器	

三、明确自检内容和要求

1．简述井道及相关设备定期检验自检的概念。

2．阅读“井道及相关设备自检报告”，本次井道及相关设备定期检验自检的项目有哪些?

3．阅读“井道及相关设备自检报告”，挑选出你还不认识的设备、电器等装置。

4．到电梯实训场地实地指出你还不认识的这些装置的安装位置，用手机拍照后查阅资料进行学习，制作一份 PowerPoint 演示文稿，内容至少包括装置名称、作用、安装位置及相关照片等。

四、安全交底

根据学习任务二学习活动 1 的安全交底内容进行复述，完成后在下表中签字。

安全交底表

交底人：	交底日期：
接受人：	接受日期：

学习活动 2　检验前的准备工作

学习目标

1. 能明确井道及相关设备检验工作流程，制订工作计划，安排、组织人员。

2. 能与使用单位沟通，明确使用单位应准备及配合的相关工作。

3. 能准备检验所需的工具、仪器及材料，并进行完好性检查。

建议学时　2 学时

学习过程

一、制订工作计划

1．本次井道及相关设备定期检验自检主要包括 10 个工作流程，根据该工艺流程制订工作计划。

工 作 计 划

序号	工作流程	人员分工	工时
1	明确任务，接受安全交底		
2	检验前的准备工作		
3	检验开始前的现场准备		
4	井道安全门检验		
5	井道检修门检验		
6	轿厢与井道壁距离检验		

续表

序号	工作流程	人员分工	工时
7	极限开关检验		
8	井道照明及地坑设施与装置检验		
9	限速器绳张紧装置及缓冲器检验		
10	竣工及验收		

2．结合本次检验工作计划，简述本次检验工作的施工组织及人员分工。

二、与使用单位沟通

查阅《检验规则》，明确检验现场需具备的检验条件，并将到现场开展检验工作时与使用单位相关人员沟通的内容记录下来。

三、准备工具、仪器及材料

1．参照学习任务二的内容检验常用工具仪器，通过互联网检索或查阅相关资料，列举完成井道及相关设备检验工作任务可能会用到的工具、仪器和材料名称。

2．为保证井道及相关设备自检工作的正常开展，到电梯管理员处领取检验所需的工具、仪器、材料，填写领用登记表，并检查工具、仪器及材料的完好性。

领用登记表

序号	工具、仪器、材料名称	规格	数量	领用检查	归还检查
1				□完好 □损坏	□完好 □损坏
2				□完好 □损坏	□完好 □损坏
3				□完好 □损坏	□完好 □损坏
4				□完好 □损坏	□完好 □损坏
5				□完好 □损坏	□完好 □损坏

续表

序号	工具、仪器、材料名称	规格	数量	领用检查	归还检查
6				□完好 □损坏	□完好 □损坏
7				□完好 □损坏	□完好 □损坏
8				□完好 □损坏	□完好 □损坏
9				□完好 □损坏	□完好 □损坏
10				□完好 □损坏	□完好 □损坏
领用人： 管理员：		领用日期： 发放日期：			
归还人： 管理员：		归还日期： 回收日期：			

3．为保证本次检验工作的正常开展，到电梯管理员处领取检验所需规范、标准和资料，填写规范、标准和资料明细表。

规范、标准和资料明细表

序号	规范和资料名称	数量	领用日期	归还日期	领用人	管理员
1						
2						
3						
4						
5						
6						

学习活动 3　实施井道及相关设备自检

学习目标

1. 能进行安全措施、检验条件的确认；能进行检验开始前的现场准备工作。

2. 能根据《检验规则》附件 A 中“3.4（3）、3.4（4）、3.5（3）、3.5（4）、3.7、3.10、3.11、3.12（1）、3.12（3）、3.14（2）、3.15（3）、3.15（4）、3.15（5）”的检验项目、内容与要求，实施井道及相关设备自检，记录检验过程数据，制作检验指导。

3. 当检验存在不合格项时，能规范填写“工作联系单”，与使用单位沟通，正确处理相关事项，指导使用单位完成整改。

4. 检验结束，能规范填写“井道及相关设备自检报告”，提交班组长验收。

5. 能在检验过程中，自觉遵守施工现场 6S 管理规定。

建议学时　30 学时

学习过程

一、检验开始前的现场准备

1．准备知识

参照学习任务二的检验现场检验条件，完成检验现场检验条件确认。

检验现场检验条件

检查内容	检查结果
在检验前参照学习任务二检验现场检验条件的内容，检查是否达到了本次现场检验条件的要求，如果没有满足检验条件不允许进行检验	□符合 □不符合

2．现场准备工作

（1）安全措施确认

在开始现场检验工作前，按照下表逐项确认安全技术措施是否到位。

安全措施检查表

检查项目
□安全带　□安全帽　□安全鞋　□安全绳　□手套　□安全网　□沟通及确认 □工装完整有效　□人员持证上岗　□警示牌或防护栏摆放到位

（2）检验开始前的准备工作

按步骤实施检验开始前的准备工作，填写工作记录。

检验开始前的准备工作记录

准备步骤	实施结果
（1）基站放置警示牌或防护栏	□完成 □未完成
（2）将电梯开至顶楼，了解电梯使用状况	□完成 □未完成
（3）确认轿厢内没有乘客，将机房紧急电动运行开关旋至“应急运行”位置，关闭轿门、层门	□完成 □未完成

3．实施现场检验条件检查

在开始现场检验工作前，为保证安全，参照学习任务二的检查步骤，再次确认现场是否具备检验条件，并做好记录。

检验现场检验条件确认记录

检查步骤	检查结果	检查结论
（1）机房或者机器设备间的空气温度保持在 5 ~ 40 ℃之间	□符合 □不符合	□合格 □不合格
（2）电源输入电压波动在额定电压值 ±7%的范围内	□符合 □不符合	

续表

检查步骤	检查结果	检查结论
（3）环境空气中没有腐蚀性和易燃性气体及导电尘埃	□符合 □不符合	
（4）检验现场（主要指机房或者机器设备间、井道、轿顶、底坑）清洁，没有与电梯工作无关的物品和设备，基站、相关层站等检验现场放置表明正在进行检验的警示牌	□符合 □不符合	
（5）对井道进行必要的封闭	□符合 □不符合	

当现场检验条件的检验结论存在“不合格”项时，参照学习任务二学习活动 3 中的内容进行处理。

二、实施井道安全门检验

1．准备知识

（1）通过互联网检索或查阅相关资料，简述井道安全门的作用。

（2）查阅《电梯制造与安装安全规范》（GB 7588—2003）（含修改单），该标准对井道安全门有何要求?

（3）查阅《检验规则》中相关内容和要求，简述井道安全门的检验要点和方法。

（4）在本学习环节中，应注意哪些安全问题？应如何防范？

2．实施井道安全门的检验

按井道安全门的检验内容与要求，在教师的指导下完成该项目的自检，填写记录、判定结果。检验过程中，用手机拍照或录像记录检验过程。

井道安全门检验记录

项目	检验内容与要求	检验图示	检验过程及分析判定	检验结果
3.4 井道安全门	（3）门上应装设用钥匙开启的锁，当门开启后不用钥匙能够将其关闭和锁住，在门锁住后，不用钥匙能够从井道内将门打开		（1）目测井道安全门门锁设置是否符合要求 □是　□否 （2）手动检查用钥匙是否能将门关闭和锁住 □是　□否 （3）手动检查不用钥匙是否能从井道内将门打开 □是　□否	□符合 □不符合
	（4）应设置电气安全装置以验证门的关闭状态		（1）检修运行电梯，打开井道安全门，检查电梯是否能停止运行　□是　□否 （2）检查是否只有井道安全门关闭后，电梯才能启动运行　□是　□否	□符合 □不符合

三、实施井道检修门检验

1．准备知识

（1）通过互联网检索或查阅相关资料，写出井道检修门的作用。

（2）查阅《电梯制造与安装安全规范》（GB 7588—2003）（含修改单），该标准对井道检修门有何要求?

（3）仔细查阅《检验规则》中相关内容和要求，简述井道检修门的检验要点和方法。

（4）在本学习环节中，应注意哪些安全问题?应如何防范?

2．实施井道检修门的检验

按井道检修门检验的内容与要求，在教师的指导下完成该项目的自检，记录检验结果。检验过程中，用手机拍照或录像记录检验过程。

井道检修门检验记录

项目	检验内容与要求	检验图示	检验过程及分析判定	检验结果
3.5 井道检修门	（3）应装设用钥匙开启的锁，当门开启后不用钥匙能够将其关闭和锁住，在门锁住后，不用钥匙也能够从井道内将门打开		（1）目测井道检修门门锁设置是否符合要求 □是　□否 （2）手动检查用钥匙是否能将门关闭和锁住 □是　□否 （3）手动检查不用钥匙是否能从井道内将门打开 □是　□否	□符合 □不符合
	（4）应设置电气安全装置以验证门的关闭状态		（1）检修运行电梯，打开井道检修门，检查电梯是否能停止运行　□是　□否 （2）检查是否只有井道检修门关闭后，电梯才能启动运行 □是　□否	□符合 □不符合

3．制作自检作业指导

制作井道检修门自检作业指导（word 文档）。要求图文并茂，作业指导能以图片或视频真实反映本项目的检验过程细节。

四、实施轿厢与井道壁距离检验

1．准备知识

根据下图所示轿厢与井道壁简图正确描述其中 A、B、C 的含义。

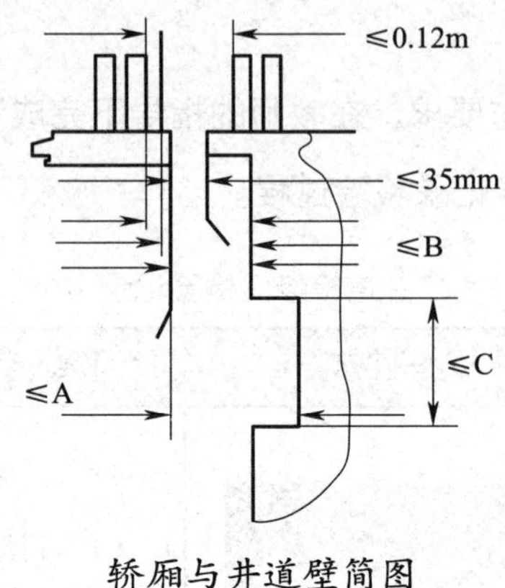

轿厢与井道壁简图

2．实施轿厢与井道壁距离检验

按轿厢与井道壁距离检验的内容与要求，在教师的指导下完成该项目的自检，记录检验结果。检验过程中，用手机拍照或录像记录检验过程。

轿厢与井道壁距离检验记录

项目	检验内容与要求	检验图示	检验过程及分析判定	检验结果
3.7 轿厢与井道壁距离	（1）轿厢与面对轿厢入口的井道壁间距不大于 0.15 m		两人配合，检验员 A 在轿顶检修操作电梯，检验员 B 在轿内使用卷尺测量轿厢地坎与井道壁的距离，检查结果是否不大于 0.15 m 是□　否□	□符合 □不符合

续表

项目	检验内容与要求	检验图示	检验过程及分析判定	检验结果
3.7 轿厢与井道壁距离	（2）对于局部高度小于 0.50 m 或采用垂直滑动门的载货电梯，该间距可以增加到 0.20 m		对于局部高度小于 0.5 m 的井道壁凹陷或采用垂直滑动门的载货电梯，检查该距离是否不大于 0.2 m □是　□否	□符合 □不符合
	（3）如果轿厢装有机械锁紧的门并且门只能在开锁区内打开时，则上述间距不受限制		检查轿厢门锁设置是否符合该情况 □是　□否	□符合 □无此项

3．制作自检作业指导

制作轿厢与井道壁距离自检作业指导（word 文档）。要求图文并茂，作业指导能以图片或视频真实反映本项目的检验过程细节。

五、实施极限开关检验

1．准备知识

通过互联网检索或查阅相关资料，回答下列问题。

（1）简述层门地坎和轿门地坎的概念。电梯的平层、上端站和下端站的含义分别是什么？

（2）简述电梯井道中极限开关装设的位置。

（3）简述极限开关的作用、结构和工作原理。

2．实施极限开关的检验

按极限开关检验的内容与要求，在教师的指导下完成该项目的自检，记录检验结果。检验过程中，用手机拍照或录像记录检验过程。

极限开关检验记录

项目	检验内容与要求	检验图示	检验过程及分析判定	检验结果
3.10 极限开关	井道上下两端应装设极限开关，该开关在轿厢或者对重（如有）接触缓冲器前起作用，并且在缓冲器被压缩期间保持其动作状态。强制驱动电梯的极限开关动作后，应以强制的机械方法直接切断驱动主机和制动器的供电回路		（1）将上行（下行）限位开关（如果有）短接，以检修速度使位于顶层（底层）端站的轿厢向上（向下）运行，检查井道上端（下端）极限开关动作情况是否符合要求 □是　□否 （2）短接上下两端极限开关和限位开关（如果有），以检修速度提升（下降）轿厢，使对重（轿厢）完全压在缓冲器上，检查极限开关动作状态是否符合要求 □是　□否 （3）目测判断强制驱动电梯极限开关切断供电的方式是否符合要求 □是　□否	□符合 □不符合

3．制作自检作业指导

制作极限开关自检作业指导（word 文档）。要求图文并茂，作业指导能以图片或视频真实反映本项目的检验过程细节。

六、实施井道照明及底坑设施与装置检验

1．准备知识

通过互联网检索或查阅相关资料，回答下列问题。

（1）急停开关的涂色标志为（　　　　）。

A．红色　　　　B．黄色

C．绿色　　　　D．蓝色

（2）简述电梯急停开关的作用。哪些位置设置了急停开关？具体的安装要求是什么？

2．实施井道照明及底坑设施与装置的检验

按井道照明及底坑设施与装置检验的内容与要求，在教师的指导下完成该项目的自检，记录检验结果。检验过程中，用手机拍照或录像记录检验过程。

井道照明及底坑设施与装置检验记录

项目	检验内容与要求	检验图示	检验过程及分析判定	检验结果
3.11 井道照明	井道应装设永久性电气照明，对于部分封闭井道，如果井道附近有足够的电气照明，井道内可以不设照明	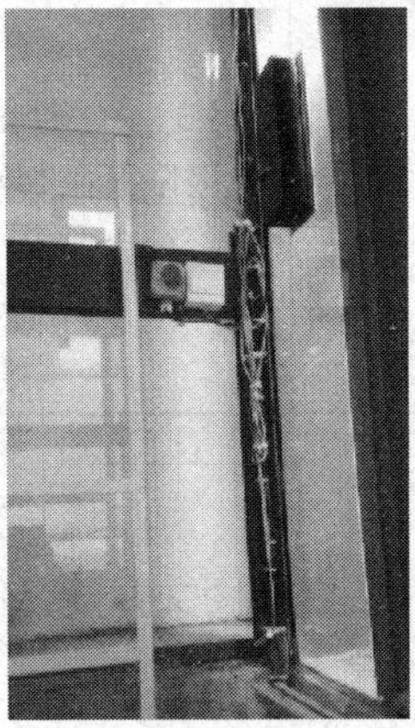	（1）在机房、底坑操作井道照明开关，观察井道照明是否正常工作 □是 □否 （2）目测亮度是否满足要求 □是 □否	□符合 □不符合
3.12 底坑设施与装置	（1）底坑底部应平整，不得渗水、漏水		目测底坑内有无渗水及漏水 □有 □无	□符合 □不符合

续表

项目	检验内容与要求	检验图示	检验过程及分析判定	检验结果
3.12 底坑设施与装置	（3）底坑内应设置进入底坑时和底坑地面上均能方便操作的停止装置，停止装置的操作装置为双稳态、红色并标以“停止”字样，并且有防止误操作的保护		进入底坑，检查在进入底坑时和底坑地面上，操作急停开关是否方便；两人配合，检验员 A 在轿顶检修运行电梯，检验员 B 在底坑操纵急停按钮动作，检查电梯是否停止运行　□是　□否	□符合 □不符合

3．制作自检作业指导

制作井道照明及底坑设施与装置自检作业指导（word 文档）。要求图文并茂，作业指导能以图片或视频真实反映本项目的检验过程细节。

七、实施限速器绳张紧装置及缓冲器检验

1．准备知识

通过互联网检索或查阅相关资料，回答下列问题。

（1）简述张紧装置、张紧电气开关的概念和作用。

（2）简述电梯底坑作业时的注意事项。

（3）分析限速器绳断裂和伸长的原因。

（4）对照液压缓冲器结构图，观察油位的正确操作顺序是（　　　　）。

A．观察油位是否在油位测量杆上刻度线内

B．插入油位测量杆

C．取出油位测量杆

D．拆开罩盖

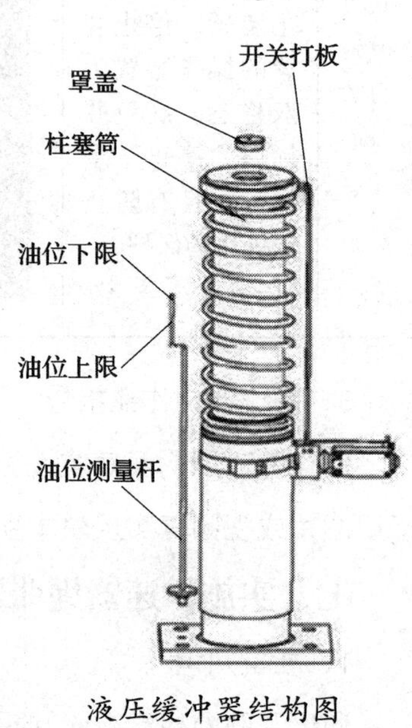

液压缓冲器结构图

2．实施限速器绳张紧装置及缓冲器的检验

按限速器绳张紧装置及缓冲器检验的内容与要求，在教师的指导下完成该项目的自检，记录检验结果。检验过程中，用手机拍照或录像记录检验过程。

限速器绳张紧装置及缓冲器检验记录

项目	检验内容与要求	检验图示	检验过程及分析判定	检验结果
3.14 限速绳张紧装置	（2）当限速器绳断裂或过分伸长时，应通过一个电气安全装置的作用，使电梯停止运转		两人配合，检验员A在轿顶操作电梯检修运行，检验员B手动操作电气安全装置，检查电梯是否停止运行 □是　□否	□符合 □不符合

续表

项目	检验内容与要求	检验图示	检验过程及分析判定	检验结果
3.15 缓冲器	（3）缓冲器应固定可靠、无明显倾斜，并且无断裂、塑性变形、剥落、破损等现象		进入底坑，实地观察缓冲器是否固定可靠 □是　□否 使用磁力线坠测量缓冲器垂直度是否符合要求 □是　□否 观察缓冲器有无断裂、塑性变形、剥落、破损等现象 □是　□否	□符合 □不符合
	（4）耗能型缓冲器液位应正确，有验证柱塞复位的电气安全装置	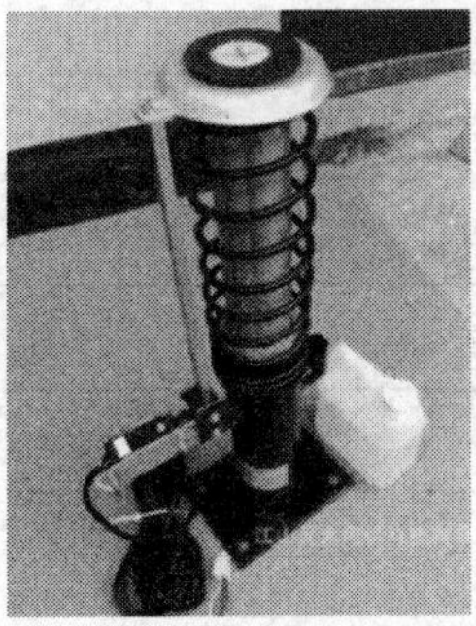	（1）目测耗能型缓冲器的液位，检查是否不低于最低工作液位，也不高于最高加油液位　□是　□否 （2）目测电气安全装置，两人配合，检验员 A 在轿顶操作电梯检修运行，检验员 B 人为施加压力使缓冲器压缩至电气开关动作，检查电梯是否停止运行，松开后缓冲器柱塞是否在 120 s 内自动复位，电梯恢复运行 □是　□否	□符合 □不符合
3.15 缓冲器	（5）对重缓冲器附近应设置永久性的明显标识，标明当轿厢位于顶层端站平层位置时，对重装置撞板与其缓冲器顶面间的最大允许垂直距离；并且该垂直距离不超过最大允许值		进入底坑，观察对重缓冲器最大缓冲距离标志是否清晰、可靠　□是　□否 正常运行电梯轿厢至顶端站平层，在底坑内测量对重缓冲器顶面与对重缓冲器撞板间垂直距离是否未超过最大值　□是　□否	□符合 □不符合

3．制作自检作业指导

制作限速器绳张紧装置及缓冲器自检作业指导（word 文档）。要求图文并茂，作业指导能以图片或视频真实反映本项目的检验过程细节。

八、竣工及验收

1．填写自检报告

根据检验记录，填写“井道及相关设备自检报告”，判定各个检验项目的检验结论，填写检验记录和结论。

2．存在不合格项的处理

（1）当检验结论存在不合格项时，填写“工作联系单”，并与使用单位沟通，明确整改工作内容，指导使用单位整改。同时，将不合格项及原因记录在“井道及相关设备自检报告”的“存在问题及整改情况”栏目中。

工作联系单

编号：

工程名称		日　　期	
接收单位		抄送单位	
主　　题			
接收单位		发出单位	
负责人		技术负责人	

（2）使用单位整改完毕，对使用单位的整改情况进行复检，直至合格，同时，将整改情况记录在“井道及相关设备自检报告”的“存在问题及整改情况”栏目中。

3．交付验收

（1）现场检验（包括整改复检合格）全部项目合格后，在“井道及相关设备自检报告”的“自检结论”栏目填写自检意见和自检结论，将“井道及相关设备自检报告”交付维保单位技术负责人（教师）进行审核，经过审核人签字后，加盖维保单位公章。

（2）将加盖维保单位公章的“井道及相关设备自检报告”交付使用单位负责人确认，并加盖使用单位公章，然后将一份自检报告提交到维保单位存档。

4．收尾工作

自检工作完全结束后，将检验前领用的工具、仪器、材料及资料等归还管理员，做好记录。

学习活动4　工作总结与评价

学习目标

1. 能按分组情况，派代表展示工作成果，说明本次任务的完成情况，并做分析总结。

2. 能结合任务完成情况，正确规范地撰写工作总结。

3. 能就本次任务中出现的问题提出改进措施。

4. 能对学习与工作进行反思总结，并能与他人开展良好合作，进行有效沟通。

建议学时　4学时

学习过程

一、个人、小组评价

以小组为单位，选择演示文稿、展板、海报、视频等形式中的一种或几种，向全班展示、汇报成果。在展示的过程中，以小组为单位进行评价；评价完成后，根据其他小组成员对本组展示成果的评价意见进行归纳总结。

汇报设计思路：

其他小组成员的评价意见：

二、教师评价

认真听取教师对本小组展示成果优缺点以及在完成任务过程中出现的亮点和不足的评价意见，并做好记录。

1．教师对本小组展示成果优点的点评。

2．教师对本小组展示成果缺点及改进方法的点评。

3．教师对本小组在整个任务完成过程中出现的亮点和不足的点评。

三、工作过程回顾及总结

1. 在团队学习过程中，项目负责人给你分配了哪些工作任务？你是如何完成的？还有哪些需要改进的地方？

2. 总结完成任务过程中遇到的问题和困难，列举 2 ~ 3 点你认为比较值得与其他同学分享的工作经验。

3. 回顾本学习任务的工作过程，对新学专业知识和技能进行归纳和整理，撰写工作总结。

评价与分析

按照客观、公正和公平原则，在教师的指导下按自我评价、小组评价和教师评价三种方式对自己或他人在本学习任务中的表现进行综合评价。综合等级按：A（90～100）、B（75～89）、C（60～74）、D（0～59）四个级别进行填写。

学习任务综合评价表

考核项目	评价内容	配分（分）	评价分数		
			自我评价	小组评价	教师评价
职业素养	劳动保护用品穿戴完备，仪容仪表符合工作要求	5			
	安全意识、责任意识、服从意识强	6			
	积极参加教学活动，按时完成各项学习任务	6			
	团队合作意识强，善于与人交流和沟通	6			
	自觉遵守劳动纪律，尊敬师长，团结同学	6			
	爱护公物，节约材料，管理现场符合 6S 标准	6			
专业能力	专业知识扎实，有较强的自学能力	10			
	操作积极，训练刻苦，具有一定的动手能力	15			
	任务完成规范，工作效率高	10			
工作成果	自检报告填写规范，质量高	20			
	工作总结符合要求	10			
总分		100			
总评	自我评价 ×20%+ 小组评价 ×20%+ 教师评价 ×60%=	综合等级	教师（签名）：		

学习任务四　轿厢对重及悬挂补偿装置定期检验

学习目标

1. 能阅读工作任务单，明确工作任务内容及要点，认识电梯轿厢相关部件，接受安全交底。

2. 能明确检验工作流程，制订工作计划，安排、组织人员；能与使用单位沟通，明确使用单位应准备及配合相关工作；能准备检验所需工具、仪器等，并进行完好性检查。

3. 能进行检验开始前的现场准备工作；能根据《检验规则》附件A中“4.1、4.3、4.5、4.6、4.8、4.9、4.10、5.1、5.2、5.3、5.5、5.6”的检验项目、内容与要求，实施轿厢对重及悬挂补偿装置自检，填写检验过程记录，制作检验指导；当检验存在不合格项时，能规范填写“工作联系单”，并与使用单位沟通，正确处理相关事项；检验结束后，能规范填写“轿厢对重及补偿装置自检报告”，提交班组长验收。

4. 能撰写、汇报工作总结，改进、完善工作中存在的问题。

建议学时

40学时

工作情境描述

某公司有1台有机房曳引驱动乘客电梯，该电梯额定载重量为1 000 kg，额定速度为1.0 m/s，共有3层3站，采用微机集选控制方式，距离电梯使用标志标注的下次检验日期还有 36 天，现因申请特种设备检验检测机构定期检验前自行检查的需要，维保组长安排本组组员完成该台电梯定期检验电梯轿厢对重及补偿装置自检，工期为 2 天，检验地点为电梯使用现场，完成后交付验收。当前该电梯已按年度保养项目及要求完成了年度保养。

工作流程与活动

学习活动 1　明确工作任务（4 学时）

学习活动 2　检验前的准备工作（2 学时）

学习活动 3　实施轿厢对重及悬挂补偿装置的自检（30 学时）

学习活动 4　工作总结与评价（4 学时）

学习活动1　明确工作任务

学习目标

1. 能正确阅读工作任务单，明确任务内容、要点及要求。

2. 能正确描述电梯轿厢对重及补偿装置部件组成，明确电梯轿厢对重及补偿装置检验项目、内容及要求，认识电梯轿厢对重及补偿装置检验中的各种装置和电器元件。

3. 能正确描述安全技术交底概念，接受安全交底。

建议学时　4学时

学习过程

一、获取工作任务

阅读工作任务单、轿厢对重及悬挂补偿装置自检报告，通过互联网检索或查阅相关资料，了解本次工作任务的内容、工期及验收标准等要求，回答后面的问题。自检报告在本次工作结束时填写。

工作任务单

流水号	2020-09-038	任务名称	机房及相关设备定期检验自检
工期	2天	开工日期	2020.5.15—5.16
任务描述	某电梯维保单位与某电梯使用单位签订了维保合同，维保1台有机房曳引驱动乘客电梯，该电梯的额定载重量为1 000 kg，额定速度为1.0 m/s，3层3站，采用微机集选控制方式，距离电梯使用标志标注的下次检验日期还有36天，		

续表

<table>
<tr><td>任务描述</td><td colspan="3">现因申请特种设备检验检测机构定期检验前自行检查的需要，维保组长安排本组组员完成该台电梯定期检验轿厢对重及补偿装置的自检，检验项目及内容依据《检验规则》附件 A 中“4.1、4.3、4.5、4.6、4.8、4.9、4.10、5.1、5.2、5.3、5.5、5.6”进行，检验结论需达到其中检验要求的规定，检验过程中记录检验结果和检验结论，检验结束后，填写“轿厢对重及补偿装置自检报告”，工期为 2 天，检验地点为电梯使用现场，完成后交付验收。当前该电梯已按年度保养项目及要求完成了年度保养。具体要求如下：
（1）自检过程中，记录自检结果和结论。
（2）自检过程中，使用手机拍照或录像自检过程或关键点，使用 word 制作机房及相关设备自检作业指导书，作业指导书能详细反映检验项目的检验过程。
（3）现场自检完毕，若存在问题需要整改，规范填写“工作联系单”，与使用单位沟通、交流，指导使用单位完成整改。
（4）根据《检验规则》的要求，完成使用单位的轿厢对重及补偿装置的自检，规范填写“轿厢对重及补偿装置自检报告”，提交维保组长验收</td></tr>
<tr><td>使用单位</td><td colspan="3">××× 物业管理有限公司</td></tr>
<tr><td>使用地址</td><td colspan="3">×× 市 ×× 区银河大道 ×× 小区 12 幢</td></tr>
<tr><td>设备注册代码</td><td></td><td>设备内部编号</td><td>L8</td></tr>
<tr><td>安全管理人员</td><td>徐健</td><td>电话</td><td>0871–88888888</td></tr>
<tr><td>设备名称</td><td>曳引驱动乘客电梯</td><td>型号</td><td>TKJ 1000/1.0 JXW</td></tr>
<tr><td>额定载重量</td><td>1 000 kg</td><td>额定速度</td><td>1.0 m/s</td></tr>
<tr><td>层站数</td><td>3 层 3 站</td><td>控制方式</td><td>微机集选</td></tr>
<tr><td>是否经过改造</td><td colspan="3">是□　否☑</td></tr>
<tr><td>审查人员</td><td></td><td>复检人</td><td></td></tr>
<tr><td>工作单签发人</td><td></td><td>签发日期</td><td></td></tr>
</table>

轿厢对重及悬挂补偿装置自检报告

项目及类别		检验内容与要求	检验结果	检验结论
4. 轿厢对重（平衡重）	4.1 轿顶电气装置 C	（1）轿顶应装设一个易于接近的检修运行控制装置，并且符合以下要求： 1）由一个符合电气安全装置要求、能够防止误操作的双稳态开关（检修开关）进行操作 2）电梯一经进入检修运行，即取消正常运行（包括任何自动门操作）、紧急电动运行、对接操作运行，只有再一次操作检修开关，才能使电梯恢复正常工作 3）依靠持续揿压按钮来控制轿厢运行，此按钮有防止误操作的保护，按钮上或者其近旁标出相应的运行方向 4）该装置上设有一个停止装置，停止装置的操作装置为双稳态、红色、并标以“停止”字样，并且有防止误操作的保护 5）检修运行时，安全装置仍然起作用		
		（2）轿顶应装设一个从入口处易于接近的停止装置，停止装置的操作装置为双稳态、红色、标以“停止”字样，并且有防止误操作的保护。如果检修运行控制装置设在从入口处易于接近的位置，该停止装置也可以设在检修运行控制装置上		
		（3）轿顶应装设 2P+PE 型电源插座		
	4.3 安全窗（门）C	如果轿厢设有安全窗（门），应符合以下要求：		
		（1）设有手动上锁装置，能够不用钥匙从轿厢外开启，用规定的三角钥匙从轿厢内开启		
		（2）轿厢安全窗不得向轿厢内开启，开启位置不超出轿厢的边缘，轿厢安全门不得向轿厢外开启，并且出入路径没有对重（平衡重）或者固定障碍物		
		（3）其锁紧由电气安全装置予以验证		
	4.5 对重（平衡重）块的固定 C	（1）对重（平衡重）块可靠固定		
		（2）具有能够快速识别对重（平衡重）块数量的措施（如标明对重块的数量或者总高度）		
	4.6 轿厢面积 C	（1）轿厢有效面积应符合下述规定。下述各额定载重量对应的轿厢最大有效面积允许增加不大于所列值 5% 的面积。对于汽车电梯，额定载重量应按照单位轿厢有效面积不小于 200 kg/m 计算		

续表

<table>
<tr><th colspan="2">项目及类别</th><th>检验内容与要求</th><th>检验结果</th><th>检验结论</th></tr>
<tr><td rowspan="8">4.
轿厢对重（平衡重）</td><td rowspan="2">4.6
轿厢面积
C</td><td>
<table>
<tr><th>Q①</th><th>S②</th><th>Q①</th><th>S②</th><th>Q①</th><th>S②</th><th>Q①</th><th>S②</th></tr>
<tr><td>100③</td><td>0.37</td><td>525</td><td>1.45</td><td>900</td><td>2.20</td><td>1275</td><td>2.95</td></tr>
<tr><td>180④</td><td>0.53</td><td>600</td><td>1.60</td><td>975</td><td>2.35</td><td>1350</td><td>3.10</td></tr>
<tr><td>225</td><td>0.70</td><td>630</td><td>1.66</td><td>1000</td><td>2.40</td><td>1425</td><td>3.25</td></tr>
<tr><td>300</td><td>0.90</td><td>675</td><td>1.75</td><td>1050</td><td>2.50</td><td>1 500</td><td>3.40</td></tr>
<tr><td>375</td><td>1.10</td><td>750</td><td>1.85</td><td>1125</td><td>2.55</td><td>1 600</td><td>3.56</td></tr>
<tr><td>400</td><td>1.17</td><td>800</td><td>2.00</td><td>1200</td><td>2.80</td><td>2 000</td><td>4.20</td></tr>
<tr><td>450</td><td>1.30</td><td>825</td><td>2.05</td><td>1250</td><td>2.90</td><td>2 500⑤</td><td>5.00</td></tr>
</table>
注：①额定载重量，kg；②轿厢最大有效面积，m；③一人电梯的最小值；④二人电梯的最小值；⑤额定载重量超过 2 500 kg 时，每增加 100 kg，面积增加 0.16 m。对中间的载重量，其面积由线性插入法确定</td><td></td><td rowspan="8"></td></tr>
<tr><td>（2）对于轿厢面积为了满足使用要求而超出上述规定的载货电梯，必须满足以下条件：
1）在从层站装卸区域总可看见的位置上设置标志，表明该载货电梯的额定载重量
2）该电梯专用于运送特定轻质货物，其体积可保证在装满轿厢情况下，该货物的总质量不会超过额定载重量
3）该电梯由专职司机操作，并且严格限制人员进入</td><td></td></tr>
<tr><td rowspan="3">4.8
紧急照明和报警装置</td><td>轿厢内应装设符合下述要求的紧急报警装置和紧急照明：</td><td></td></tr>
<tr><td>（1）正常照明电源中断时，能够自动接通紧急照明电源</td><td></td></tr>
<tr><td>（2）紧急报警装置采用对讲系统以便与救援服务持续联系，当电梯行程大于 30 m 时，在轿厢和机房（或者紧急操作地点）之间也设置对讲系统，紧急报警装置的供电来自紧急照明电源或者等效电源；在启动对讲系统后，被困乘客不必再做其他操作</td><td></td></tr>
<tr><td>4.9
地坎护脚板 C</td><td>轿厢地坎下应装设护脚板，其垂直部分的高度不小于 0.75 m，宽度不小于层站入口宽度</td><td></td></tr>
<tr><td>4.10
超载保护装置
C</td><td>设置当轿厢内的载荷超过额定载重量时，能够发出警示信号，并且使轿厢不能运行的超载保护装置。该装置最迟在轿厢内的载荷达到 110%额定载重量（对于额定载重量小于 750 kg 的电梯，最迟在超载量达到 75 kg）时动作，防止电梯正常启动及再平层，并且轿内有音响或者发光信号提示，动力驱动的自动门完全打开，手动门保持在未锁状态</td><td></td></tr>
</table>

续表

<table>
<tr><th colspan="2">项目及类别</th><th>检验内容与要求</th><th>检验结果</th><th>检验结论</th></tr>
<tr><td rowspan="7">5. 悬挂装置与补偿装置及旋转部件防护</td><td>5.1 悬挂装置、补偿装置的磨损、断丝、变形等情况 C</td><td>出现下列情况之一时，悬挂钢丝绳和补偿钢丝绳应报废：
1）笼状畸变、绳股挤出、扭结、部分压扁、弯折
2）一个捻距（绳股中某一钢丝绕股芯旋转一周后相应点的距离）内断丝数大于下表列出的数值时
<table>
<tr><th rowspan="2">断丝的形式</th><th colspan="3">钢丝绳类型</th></tr>
<tr><th>6×19</th><th>8×19</th><th>9×19</th></tr>
<tr><td>均布在外层绳股上</td><td>24</td><td>30</td><td>34</td></tr>
<tr><td>集中在一或者两根层绳股上</td><td>8</td><td>10</td><td>11</td></tr>
<tr><td>一根外层绳股上相邻的断丝</td><td>4</td><td>4</td><td>4</td></tr>
<tr><td>股谷（缝）断丝</td><td>1</td><td>1</td><td>1</td></tr>
</table>
注：上述断丝数的参考长度为一个捻距，约为 6d（d 表示钢丝绳的公称直径，mm）
3）钢丝绳直径小于其公称直径的 90%
4）钢丝绳严重锈蚀，铁锈填满绳股间隙
采用其他类型悬挂装置的，悬挂装置的磨损、变形等不得超过制造单位设定的报废指标</td><td></td><td></td></tr>
<tr><td>5.2 端部固定</td><td>悬挂钢丝绳绳端固定应可靠，弹簧、螺母、开口销等连接部件无缺损。对于强制驱动电梯，应采用带楔块的压紧装置，固定或者至少用 3 个压板将钢丝绳固定在卷筒上。采用其他类型悬挂装置的，其端部固定应当符合制造单位的规定</td><td></td><td></td></tr>
<tr><td rowspan="3">5.3 补偿装置 C</td><td>（1）补偿绳（链）端固定应当可靠</td><td></td><td rowspan="3"></td></tr>
<tr><td>（2）应使用电气安全装置来检查补偿绳的最小张紧位置</td><td></td></tr>
<tr><td>（3）当电梯的额定速度大于 3.5 m/s 时，还应设置补偿绳防跳装置，该装置动作时应有一个电气安全装置使电梯驱动主机停止运转</td><td></td></tr>
<tr><td>5.5 松绳（链）保护 B</td><td>如果轿厢悬挂在两根钢丝绳或者链条上，则应设置检查绳（链）松弛的电气安全装置，当其中一根钢丝绳（链条）发生异常相对伸长时，电梯应停止运行</td><td></td><td></td></tr>
<tr><td>5.6 旋转部件的防护 C</td><td>在机房（机器设备间）内的曳引轮、滑轮、链轮、限速器，在井道内的曳引轮、滑轮、链轮、限速器及张紧轮、补偿绳张紧轮，在轿厢上的滑轮、链轮等与钢丝绳、链条形成传动的旋转部件，均应设置防护装置，以避免人身伤害、钢丝绳或者链条因松弛而脱离绳槽或者链轮、异物进入绳与绳槽或者链与链轮之间。对于允许按照 GB 7588—1995 及更早期标准生产的电梯，可以按照以下要求检验：</td><td></td><td></td></tr>
</table>

续表

<table>
<tr><th colspan="2">项目及类别</th><th>检验内容与要求</th><th>检验结果</th><th>检验结论</th></tr>
<tr><td rowspan="2">5. 悬挂装置与补偿装置及旋转部件防护</td><td rowspan="2">5.6 旋转部件的防护 C</td><td>（1）采用悬臂式曳引轮或者链轮时，有防止钢丝绳脱离绳槽或者链条脱离链轮的装置，并且当驱动主机不装设在井道上部时，有防止异物进入绳与绳槽之间或者链条与链轮之间的装置</td><td></td><td rowspan="2"></td></tr>
<tr><td>（2）井道内的导向滑轮、曳引轮、轿架上固定的反绳轮和补偿绳张紧轮，有防止钢丝绳脱离绳槽和进入异物的防护装置</td><td></td></tr>
<tr><td colspan="5">存在问题及整改情况</td></tr>
<tr><td colspan="5"></td></tr>
<tr><td colspan="5">自检结论</td></tr>
<tr><td colspan="3"></td><td colspan="2" rowspan="3">维保单位（公章）

年　月　日</td></tr>
<tr><td colspan="2">自检人：</td><td>日期：</td></tr>
<tr><td colspan="2">审核人：</td><td>日期：</td></tr>
<tr><td colspan="5">使用单位意见</td></tr>
<tr><td colspan="3"></td><td colspan="2" rowspan="2">使用单位（公章）

年　月　日</td></tr>
<tr><td colspan="2">使用单位负责人：</td><td>日期：</td></tr>
</table>

1．该项工作的具体内容是什么？

2．该项工作要求什么时间开始做？多长时间完成？

3．该项工作的验收标准是什么？

4．该项工作中，电梯的设备内部编号是什么？

5．该项工作完工时，应提交哪些记录或报告？

二、认识轿厢对重及悬挂补偿装置

1．对照轿厢对重及悬挂补偿装置图示，在教师的带领下观察实训设备后，将以下表格补全。

轿厢对重及悬挂补偿装置结构及组成

电梯建筑物空间	位置	名称	组成部件
A B C D E	A	曳引机	
	B	限速器	
	C		
	D		
	E		

2．对照轿厢定期自检部件图示，通过互联网检索或查阅相关资料，写出各部分的名称及作用。

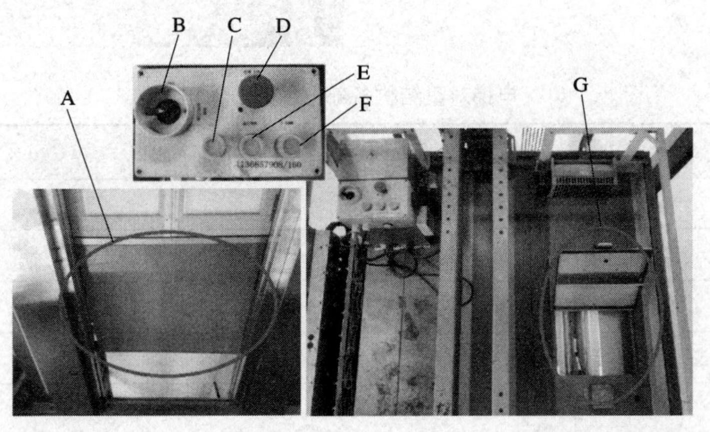

轿厢定期自检部件组成及作用

位置	名称	作用
A		
B		
C		
D		
E		
F		
G		

3．对照电梯对重结构示意图，通过互联网检索或查阅相关资料，写出各部分的名称及作用。

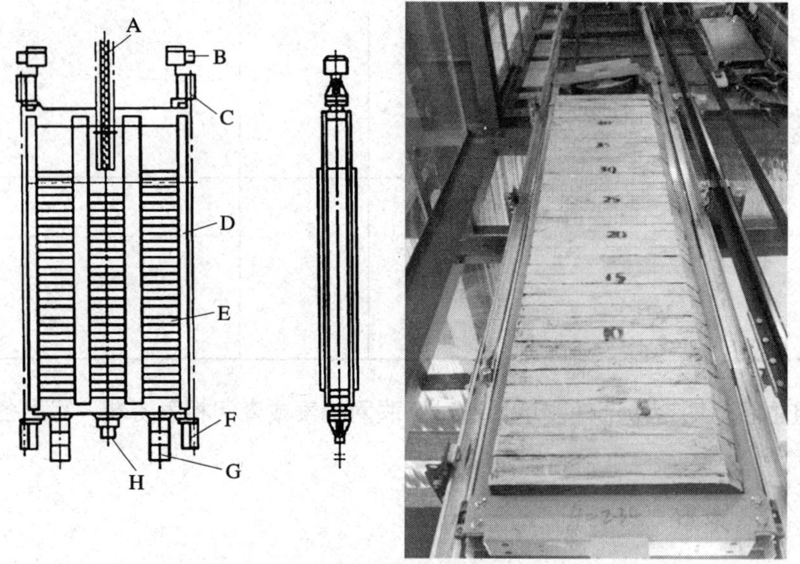

电梯对重结构各部分名称及作用

位置	名称	作用
A		
B		
C		
D		
E		

续表

位置	名称	作用
F		
G		
H		

4．对照电梯对重补偿装置结构示意图，通过互联网检索或查阅相关资料，写出各部分的名称及作用。

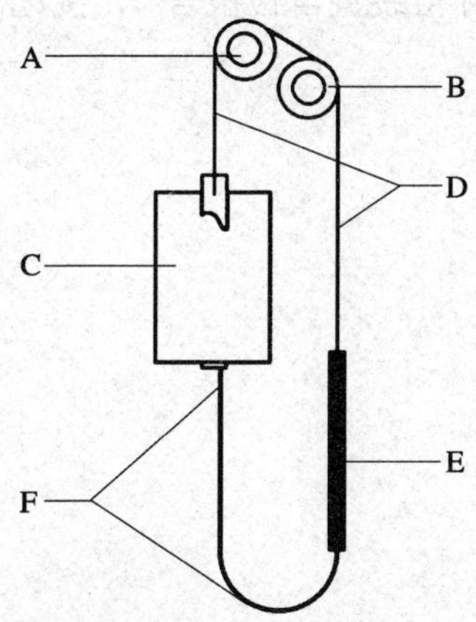

电梯对重补偿装置各部分名称及作用

位置	名称	作用
A		
B		
C		
D		
E		
F		

三、明确自检内容和要求

1．简述轿厢对重及悬挂补偿装置自检的概念。

2．阅读“轿厢对重及悬挂补偿装置自检报告”，本次轿厢对重及补偿装置定期检验自检的项目有哪些?

3．阅读“轿厢对重及悬挂补偿装置自检报告”，挑选出你还不认识的设备、电器和装置。

4．到电梯实训场地实地指出你还不认识的这些装置的安装位置，用手机拍照后查阅资料进行学习，制作一份 PowerPoint 演示文稿，内容至少包括装置名称、作用、安装位置及相关照片等。

四、安全交底

根据学习任务二学习活动 1 的安全交底内容进行复述，完成后在下表中签字。

安全交底表

交底人：	交底日期：
接受人：	接受日期：

学习活动 2　检验前的准备工作

学习目标

1. 能明确轿厢对重及补偿装置设备检验工作流程，制订工作计划，安排、组织人员。

2. 能与使用单位沟通，明确使用单位应准备及配合的相关工作。

3. 能准备检验所需的工具、仪器及材料，并进行完好性检查。

建议学时　2 学时

学习过程

一、制订工作计划

1．本次轿厢对重及悬挂补偿装置定期检验主要包括 10 个工作流程，根据该工艺流程，制订工作计划。

工 作 计 划

序号	工作流程	人员分工	工时
1	明确任务，接受安全交底		
2	检验前的准备工作		
3	检验开始前的现场准备		
4	轿顶电气装置、对重及安全窗的自检		
5	电梯轿厢内面积的自检		

续表

序号	工作流程	人员分工	工时
6	应急照明和报警装置的自检		
7	轿厢地坎护脚板及超载保护装置的自检		
8	悬挂装置、补偿装置、钢丝绳及钢丝绳端部固定自检		
9	旋转部件防护的自检		
10	竣工及验收		

2．结合本次检验工作计划，简述本次检验工作的施工组织及人员分工。

二、与使用单位沟通

1．查阅《检验规则》，列出检验现场需具备的检验条件，并通知电梯使用单位准备。

2．在到现场开展检验工作前，应与使用单位相关人员沟通哪些内容？

三、准备工具、仪器及材料

1．列举完成轿厢对重及补偿装置检验工作任务可能会用到的工具、仪器和材料名称。

2．列举完成轿厢对重及补偿装置检验工作任务可能会用到的规范和标准。

3．为保证本次检验工作的正常开展，到电梯管理员处领取检验所需工具、仪器及材料，填写领用登记表，并检查完好性。

领用登记表

序号	工具、仪器及材料名称	规格	数量	领用检查	归还检查
1				□完好 □损坏	□完好 □损坏
2				□完好 □损坏	□完好 □损坏
3				□完好 □损坏	□完好 □损坏
4				□完好 □损坏	□完好 □损坏
5				□完好 □损坏	□完好 □损坏
6				□完好 □损坏	□完好 □损坏

续表

序号	工具、仪器及材料名称	规格	数量	领用检查	归还检查
7				□完好 □损坏	□完好 □损坏
8				□完好 □损坏	□完好 □损坏
9				□完好 □损坏	□完好 □损坏
10				□完好 □损坏	□完好 □损坏
领用人： 管理员：		领用日期： 发放日期：			
归还人： 管理员：		归还日期： 回收日期：			

4．为保证本次检验工作的正常开展，到电梯管理员处领取检验所需规范、标准和资料，填写规范、标准和资料明细表。

规范、标准和资料明细表

序号	规范和资料名称	数量	领用日期	归还日期	领用人	管理员
1						
2						
3						
4						
5						
6						

学习活动 3 实施轿厢对重及悬挂补偿装置的自检

学习目标

1. 能进行安全措施、检验条件的确认；能进行检验开始前的现场准备工作。

2. 能根据《检验规则》附件 A 中“4.1、4.3、4.5、4.6、4.8、4.9、4.10、5.1、5.2、5.3、5.5、5.6”的检验项目、内容与要求，实施轿厢对重及悬挂补偿装置自检，记录检验过程数据，制作检验指导。

3. 当检验存在不合格项时，能规范填写“工作联系单”，与使用单位沟通，正确处理相关事项，指导使用单位完成整改。

4. 检验结束，能规范填写“轿厢对重及悬挂补偿装置自检报告”，提交班组长验收。

5. 能在检验过程中，自觉遵守施工现场 6S 管理规定。

建议学时 30 学时

学习过程

一、检验开始前的现场准备

1．准备知识

仔细查阅《检验规则》和相关资料，并参照学习任务二的内容，回答下列问题。

（1）根据《检验规则》和相关规范的要求，本次检验现场必须符合哪些条件方可实施检验？

（2）如果不符合规范要求该如何处理？

2．现场准备工作

（1）安全措施确认

在开始现场检验工作前，确认安全措施是否到位。

安全措施检查表

检查项目
□安全带　□安全帽　□安全鞋　□安全绳　□手套　□安全网　□安全标志 □沟通及确认　□工装完整有效　□人员持证上岗　□警示牌或防护栏摆放到位

（2）检验开始前的准备工作

按下表所示步骤实施检验开始前的准备工作并填写记录。

检验开始前的准备工作记录

准备步骤	实施结果
（1）__________放置警示牌或防护栏	□完成 □未完成
（2）将电梯开至__________，了解电梯使用状况	□完成 □未完成
（3）确认轿厢内__________，将机房紧急电动运行开关旋至“应急运行”位置，关闭轿门、层门	□完成 □未完成

3．实施现场检验条件检查

在开始现场检验工作前，为保证安全，参照学习任务二的检查步骤，再次确认现场是否具备检验条件，并做好记录。

检验现场检验条件确认记录

检查步骤	检查结果	检查结论
（1）机房或者机器设备间的空气温度保持在 5 ~ 40 ℃之间	□符合 □不符合	□合格 □不合格
（2）电源输入电压波动在额定电压值 ±7%的范围内	□符合 □不符合	
（3）环境空气中没有腐蚀性和易燃性气体及导电尘埃	□符合 □不符合	
（4）检验现场（主要指机房或者机器设备间、井道、轿顶、底坑）清洁，没有与电梯工作无关的物品和设备，基站、相关层站等检验现场放置表明正在进行检验的警示牌	□符合 □不符合	
（5）对井道进行必要的封闭	□符合 □不符合	

当现场检验条件的检验结论存在“不合格”项时，参照学习任务二学习活动 3“检验开始前的现场准备”的相关内容进行处理。

二、实施轿顶电气装置、对重及安全窗检验

1．准备知识

通过互联网检索或查阅相关资料，回答或补全下列问题。

（1）轿顶检修控制盒有什么作用?

（2）查阅《电梯制造与安装安全规范》（GB 7588—2003）（含修改单），该标准对轿顶电气装置有何要求?

（3）曳引电梯轿厢对重装置主要由哪几部分组成?

（4）电梯轿厢对重装置的作用是什么?

（5）电梯轿厢为什么要设置安全窗（门）?

（6）《电梯制造与安装安全规范》（GB 7588—2003）（含修改单）中指出：轿厢安全窗应能不用钥匙__________，并应能用三角形钥匙从__________。轿厢安全窗不应向轿内开启。轿厢安全窗的开启位置，不应超出____________。

（7）电梯轿厢安全窗（门）上的电气安全装置有什么作用?

2．实施检验

（1）实施轿顶电气装置的检验

按轿顶电气装置检验的内容与要求，在教师的指导下完成该项目的自检，填写记录、判定结果。检验过程中，用手机拍照或录像记录检验过程。

轿顶电气装置检验记录

项目	检验内容与要求	检验图示	检验过程及分析判定	检验结果
4.1 轿顶电气装置 C	（1）轿顶应当装设一个易于接近的检修运行控制装置，并且符合以下要求：			
	1）由一个符合电气安全装置要求、能够防止误操作的双稳态开关（检修开关）进行操作		（1）目测检修开关外观是否完好、无破损 □是　□否 （2）手动操作至检修位置后，检查是否能稳定地保持在检修位置　□是　□否	□符合 □不符合

续表

项目	检验内容与要求	检验图示	检验过程及分析判定	检验结果
4.1 轿顶电气装置 C	2）电梯一经进入检修运行，即取消正常运行（包括任何自动门操作）、紧急电动运行、对接操作运行，只有再一次操作检修开关，才能使电梯恢复正常工作		（1）将检修开关拨至检修位置，在机房测试紧急电动运行是否有效　□是　□否 （2）将检修开关拨至检修位置，在轿厢内测试进行对接运行是否有效　□是　□否 （3）将检修开关复位至正常运行位置，测试紧急电动运行及对接运行是否有效　□是　□否	□符合 □不符合
	3）依靠持续揿压按钮来控制轿厢运行，此按钮有防止误操作的保护，按钮上或其近旁标出相应的运行方向	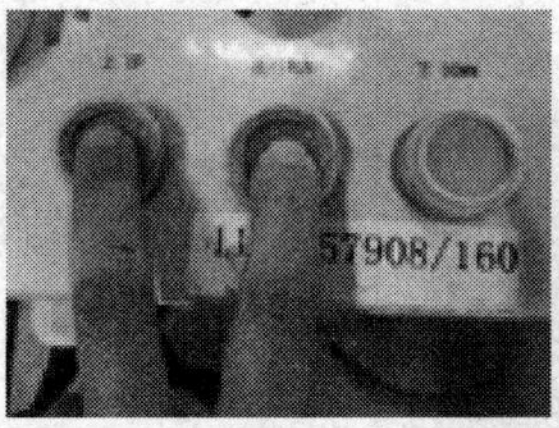	（1）目测轿厢控制按钮运行方向标识是否清晰正确　□是　□否 （2）操作验证轿厢控制按钮，检查是否具有防止误操作保护功能　□是　□否	□符合 □不符合
	4）该装置上设有一个停止装置，停止装置的操作装置为双稳态、红色、标以“停止”字样，并且有防止误操作的保护		（1）目测轿顶停止装置（急停按钮）的颜色及标识是否清晰正确　□是　□否 （2）手动测试停止装置按下后是滞能稳定保持在停止状态，并有防止误操作功能　□是　□否	□符合 □不符合
	5）检修运行时，安全装置仍然起作用		（1）检修运行时，断开安全回路，检查是否有效　□是　□否	□符合 □不符合

续表

项目	检验内容与要求	检验图示	检验过程及分析判定	检验结果
4.1 轿顶电气装置 C	（2）轿顶应装设一个从入口处易于接近的停止装置，停止装置的操作装置为双稳态、红色、标以“停止”字样，并且有防止误操作的保护。如果检修运行控制装置设在从入口处易于接近的位置，该停止装置也可以设在检修运行控制装置上		（1）目测轿顶停止装置是否外观完好、颜色及标识是否清晰正确 □是 □否 （2）目测评估该停止装置是否易于接近 □是 □否 （3）手动测试停止装置按下后是否能稳定保持在停止状态，并有防止误操作功能 □是 □否	□符合 □不符合
	（3）轿顶应装设 2P+PE 型电源插座		· 目测轿顶是否装设 2P+PE 型电源插座 □是 □否	□符合 □不符合

（2）实施安全窗（门）的检验

按安全窗（门）检验的内容与要求，在教师的指导下完成该项目的自检，记录检验结果。检验过程中，用手机拍照或录像记录检验过程。

轿厢安全窗（门）检验记录

项目	检验内容与要求	检验图示	检验过程及分析判定	检验结果
4.3 安全窗（门）C	（1）设有手动上锁装置，能够不用钥匙从轿厢外开启，用规定的三角钥匙从轿厢内开启		手动操作验证，检查安全窗（门）的手动上锁装置是否可以不用钥匙从轿厢外开启、用规定的三角钥匙从轿厢内开启 □是 □否	□符合 □不符合

续表

项目	检验内容与要求	检验图示	检验过程及分析判定	检验结果
4.3 安全窗（门）C	（2）轿厢安全窗不能向轿厢内开启，开启位置不超出轿厢的边缘，轿厢安全门不能向轿厢外开启，并且出入路径没有对重（平衡重）或者固定障碍物		手动操作验证，检查轿厢安全窗是否不能向轿厢内开启、开启位置不超出轿厢的边缘，轿厢安全门是否不能向轿厢外开启、出入路径没有对重（平衡重）或者固定障碍物　□是　□否	□符合 □不符合
	（3）其锁紧由电气安全装置予以验证		安全窗在未锁紧状态下，检修运行电梯，检查安全回路是否有效　□是　□否	□符合 □不符合

（3）实施对重装置的检验

按对重装置检验的内容与要求，在教师的指导下完成该项目的自检，记录检验结果。检验过程中，用手机拍照或录像记录检验过程。

轿厢对重检验记录

项目	检验内容与要求	检验图示	检验过程及分析判定	检验结果
4.5 对重（平衡重）的固定 C	（1）对重（平衡重）块应可靠固定		（1）使用扳手测试对重块的固定是否牢固　□是　□否 （2）晃动对重块压板测试是否有效固定　□是　□否	□符合 □不符合
	（2）具有能够快速识别对重（平衡重）块数量的措施（如标明对重块的数量或者总高度）		目测对重识别标识是否清晰正确　□是　□否	□符合 □不符合

3．制作自检作业指导

制作轿顶电气装置、对重及安全窗（门）的自检作业指导（word 文档）。要求图文并茂，作业指导能以图片或视频真实反映本项目的检验过程细节。

三、实施电梯轿厢内面积检验

1．准备知识

仔细查阅电梯安全技术规范和相关资料中电梯轿厢内面积的相关知识，回答下列问题。

（1）电梯轿厢根据结构不同主要分为哪几类?

（2）为什么要限制电梯轿厢内的面积?

（3）在载货电梯轿厢内面积超限的情况下应着重检查哪些项目?

（4）如何测量载货电梯有效面积?

2．实施轿厢内有效面积的检验

按轿厢内有效面积检验的内容与要求，在教师的指导下完成该项目的自检，填写电梯轿厢内有效面积自检记录。检验过程中，用手机拍照或录像记录检验过程。

电梯轿厢内有效面积检验记录

<table>
<tr><th>项目</th><th>检验内容与要求</th><th>检验图示</th><th>检验过程及分析判定</th><th>检验结果</th></tr>
<tr><td rowspan="4">4.6
轿厢
面积
C</td><td>（1）轿厢有效面积应符合《检验规则》中的规定，其中各额定载重量对应的轿厢最大有效面积允许增加不大于所列值5%的面积。对于汽车电梯，额定载重量应按照单位轿厢有效面积不小于200 kg/m计算</td><td> </td><td>（1）使用钢卷尺测量电梯轿厢有效面积
轿厢深度：________
轿厢宽度：________
其他有效面积尺寸（如果存在）：
____
____
（2）根据测量数据计算轿厢有效面积。
长方形面积计算公式：面积＝长 × 宽
轿厢有效面积：________
（3）查询检验规范确定被检验电梯的额定载重量：________</td><td>□符合
□不符合</td></tr>
<tr><td colspan="4">（2）对于轿厢面积为了满足使用要求而超出上述规定的载货电梯，必须满足以下条件：</td></tr>
<tr><td>1）在从层站装卸区域总可看见的位置上设置标志，表明该载货电梯的额定载重量</td><td> </td><td>目测额定载重量标识是否清晰正确　　□是　□否</td><td>□符合
□不符合</td></tr>
<tr><td>2）该电梯专用于运送特定轻质货物，其体积可保证在装满轿厢情况下，该货物的总质量不会超过额定载重量</td><td> 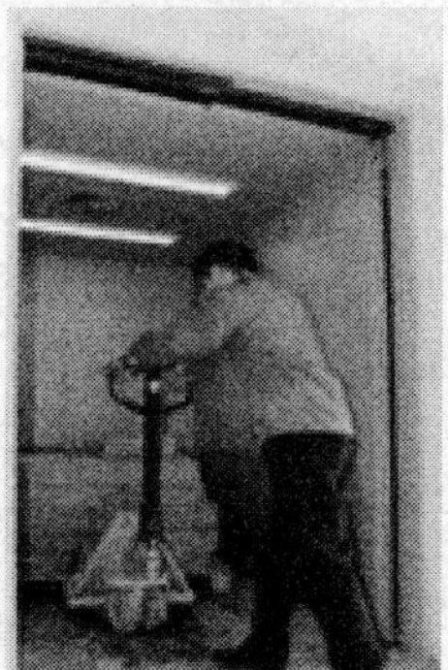</td><td>检查货物质量在满载时是否不超过额定载重量
□是　□否</td><td>□符合
□不符合</td></tr>
</table>

续表

项目	检验内容与要求	检验图示	检验过程及分析判定	检验结果
4.6 轿厢面积 C	3）该电梯由专职司机操作，并且严格限制人员进入		检查该电梯是否由专职司机操作，并且严格限制人员进入 □是 □否	□符合 □不符合

3．制作自检作业指导

制作轿厢有效面积自检作业指导（word 文档）。要求图文并茂，作业指导能以图片或视频真实反映本项目的检验过程细节。

四、实施电梯紧急照明和报警装置检验

1．准备知识

查阅电梯相关资料，回答下列问题。

（1）电梯轿厢紧急照明装置的作用是什么？

（2）电梯轿厢报警装置的作用是什么？

（3）电梯对讲装置的作用是什么？

2．实施电梯紧急照明和报警装置的检验

按电梯紧急照明和报警装置检验的内容与要求，在教师的指导下完成该项目的自检，记录检验结果。检验过程中，用手机拍照或录像记录检验过程。

电梯紧急照明和报警装置检验记录

项目	检验内容与要求	检验图示	检验过程及分析判定	检验结果
4.8 紧急照明和报警装置 B	（1）正常照明电源中断时，能够自动接通紧急照明电源	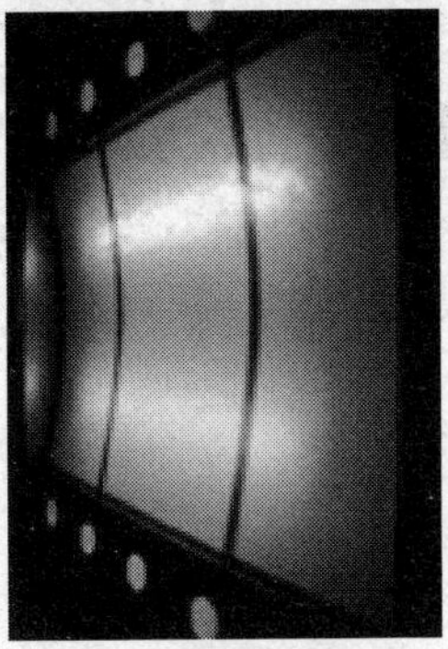	切断正常照明供电，验证紧急照明设备是否有效 □是　□否	□符合 □不符合
	（2）紧急报警装置采用对讲系统以便与救援服务持续联系，当电梯行程大于 30 m 时，在轿厢和机房（或者紧急操作地点）之间也设置对讲系统，紧急报警装置的供电来自紧急照明电源或者等效电源；在启动对讲系统后，被困乘客不必再做其他操作	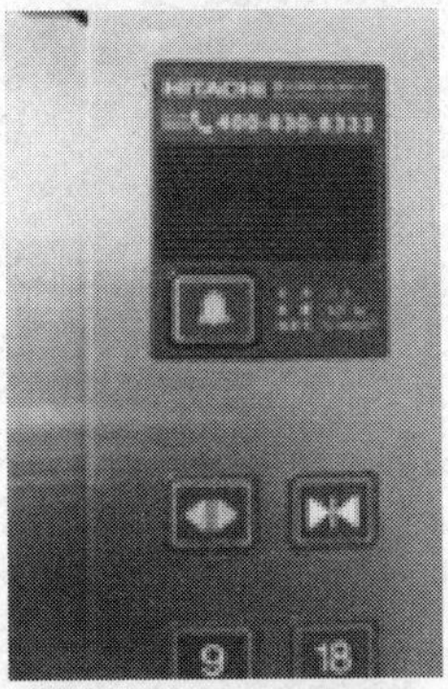  	（1）依据检验内容与要求实际验证紧急报警装置的设置是否符合要求 □是　□否 （2）实际操作对讲系统，验证是否有效 □是　□否	□符合 □不符合

3．制作自检作业指导

制作电梯紧急照明和报警装置自检作业指导（word 文档）。要求图文并茂，作业指导能以图片或视频真实反映本项目的检验过程细节。

五、实施轿厢地坎护脚板及超载保护装置检验

1．准备知识

（1）认识轿厢地坎护脚板

查阅相关规范及资料，回答下列问题。

1）轿厢地坎护脚板的作用是什么?

2）轿厢地坎护脚板的设置有哪些要求?

（2）认识超载保护装置

查阅相关规范及资料，回答下列问题。

1）电梯超载保护装置的作用是什么?

2）电梯超载保护装置可以设置在哪些位置?

3）电梯超载保护装置中蜂鸣器的作用是什么?

4）在超载保护装置定期检验过程中砝码的作用是什么？

2．实施检验

（1）实施轿厢地坎护脚板的检验

按轿厢地坎护脚板检验的内容与要求，在教师的指导下完成该项目的自检，记录检验结果。检验过程中，用手机拍照或录像记录检验过程。

轿厢地坎护脚板检验记录

项目	检验内容与要求	检验图示	检验过程及分析判定	检验结果
4.9 地坎护脚板 C	轿厢地坎下应装设护脚板，其垂直部分的高度不小于0.75 m，宽度不小于层站入口宽度	 	（1）用钢卷尺测量轿厢护脚板，垂直部分的高度为_________m。是否符合不小于0.75 m的要求 □是　□否 （2）目测宽度是否不小于层站入口宽度 □是　□否	□符合 □不符合

（2）实施电梯超载保护装置检验

按电梯超载保护装置检验的内容与要求，在教师的指导下完成该项目的自检，记录检验结果。检验过程中，用手机拍照或录像记录检验过程。

紧急电动运行装置检验

项目	检验内容与要求	检验图示	检验过程及分析判定	检验结果
4.10 超载保护装置 C	设置当轿厢内的载荷超过额定载重量时，能够发出警示信号，并且使轿厢不能运行的超载保护装置。该装置最迟在轿厢内的载荷达到 110 % 额定载重量（对于额定载重量小于 750 kg 的电梯，最迟在超载量达到 75 kg）时动作，防止电梯正常启动及再平层，并且轿内有音响或者发光信号提示，动力驱动的自动门完全打开，手动门保持在未锁状态		（1）在待检电梯轿厢内放入重量为 110% 额定载重量的砝码，检查电梯是否发出声光警示信号 □是 □否 （2）检查电梯是否能在此重量下启动及再平层 □是 □否 （3）检查自动门是否完全打开 □是 □否 （4）检查手动门是否保持在未锁状态 □是 □否 （5）对于额定载重量小于 750 kg 的电梯，放入超过额定载重量 75 kg 的砝码，验证内容同上，是否合格 □是 □否	□符合 □不符合

3．制作自检作业指导

制作地坎护脚板及超载保护装置的自检作业指导（word 文档）。要求图文并茂，作业指导能以图片或视频真实反映本项目的检验过程细节。

六、实施电梯悬挂装置、补偿装置、钢丝绳及钢丝绳端部固定检验

1．准备知识

（1）认识电梯悬挂装置及钢丝绳

通过互联网检索或查阅相关资料，回答下列问题。

1）电梯悬挂装置的作用是什么？

2）学习钢丝绳在使用过程中可能出现的变化，将下表补充完整。

图例	现象	原因
	钢丝绳外层绳股发生脱节或者变得比内部绳股长，一般称为笼状畸变。笼状畸变绳股挤出的钢丝绳应报废	
	一部分钢丝或钢丝束在钢丝绳背向滑轮槽的一侧拱起形成环状，一般称为钢丝挤出。变形严重时钢丝绳应报废	因冲击载荷而引起
	钢丝绳直径有可能发生局部增大，并能波及相当长的一段钢丝绳。绳径增大通常与绳芯畸变有关（如在特殊环境中，纤维芯因受潮而膨胀），其必然结果是外层绳股产生不平衡而造成定位不正确。绳径局部严重增大的钢丝绳应报废	超过使用周期过度磨损
	适当描述钢丝绳部分压扁现象及处理方式：	机械事故
	适当描述钢丝绳弯折现象及处理方式：	外界影响下发生角度变形

3）限速器绳和（或）安全绳的主要参数有________、________、________和________。

4）造成钢丝绳变形及磨损的主要原因有哪些?

5）什么是钢丝绳的公称直径?

（2）认识电梯钢丝绳端部固定装置

通过互联网检索或查阅相关资料，回答下列问题。

1）在电梯曳引系统中哪些地方需要用到钢丝绳端部固定装置？端部固定装置的作用是什么?

2）电梯曳引钢丝绳端部固定的方法有哪些?

3）在电梯曳引钢丝绳端部固定装置的检测过程中可能会使用到的工具、设备有哪些?

4）电梯曳引系统中需要设置钢丝绳端部固定装置的具体位置有哪些?

（3）认识电梯补偿装置

通过互联网检索或查阅相关资料，回答下列问题。

1）电梯曳引系统中补偿装置的作用是什么?

2）电梯补偿装置的种类有哪些？各有什么特点?

3）补偿绳张紧装置的作用是什么？该装置安装在电梯的什么位置?

4）补偿绳张紧防跳装置中防跳开关的作用是什么?

5）检验人员在对电梯悬挂装置、补偿装置钢丝绳及电梯钢丝绳端部固定进行检验时，需要注意的安全注意事项有哪些?

2．实施检验

（1）实施电梯悬挂装置、补偿装置钢丝绳的检验

按电梯悬挂装置、补偿装置钢丝绳检验的内容与要求，在教师的指导下完成该项目的自检，记录检验结果。检验过程中，用手机拍照或录像记录检验过程。

电梯悬挂装置、补偿装置钢丝绳检验记录

项目	检验内容与要求	检验图示	检验过程及分析判定	检验结果
5.1 悬挂装置、补偿装置的磨损、断丝、变形等情况 C	1）出现笼状畸变、绳股挤出、扭结、部分压扁、弯折的悬挂钢丝绳和补偿钢丝绳应报废	（参考准备知识中的相关图示）	在电梯运行过程中观察悬挂钢丝绳和补偿钢丝绳的形态与图例进行比较判断是否出现笼状畸变、绳股挤出、扭结、部分压扁、弯折等情况 1）笼状畸变 □是 □否 2）绳股挤出 □是 □否 3）扭结 □是 □否 4）部分压扁 □是 □否 5）弯折 □是 □否	□符合 □不符合
	2）一个捻距内出现的断丝数大于规定数值时悬挂钢丝绳和补偿钢丝绳应报废	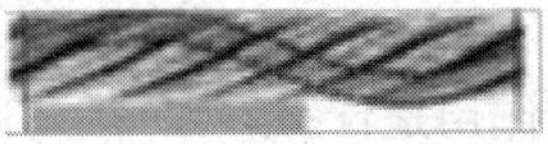	（1）在断丝位置的一个捻距内观察计数断丝数量，为______ （2）对比规定值，判定是否应报废 □是 □否	□符合 □不符合
	3）钢丝绳直径小于其公称直径的 90% 的悬挂钢丝绳和补偿钢丝绳应报废	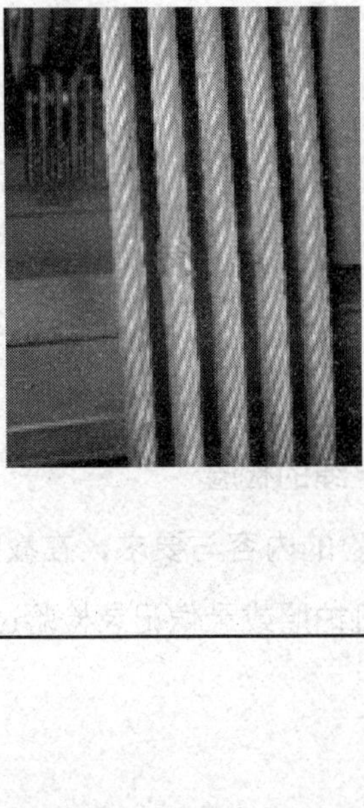	（1）确定钢丝绳的公称直径，为______ （2）使用游标卡尺或钢丝绳探伤仪在钢丝绳上相隔至少 1 m 的两个点的相互垂直方向上测量两次，一共测量 4 次： 第一点的测量直径： 1______；2______； 第二点的测量直径： 1______；2______； 平均值：______ 判定是否应报废 □是 □否	□符合 □不符合

续表

项目	检验内容与要求	检验图示	检验过程及分析判定	检验结果
5.1 悬挂装置、补偿装置的磨损、断丝、变形等情况 C	4）钢丝绳严重锈蚀，铁锈填满绳股间隙		在电梯运行过程中观察悬挂钢丝绳和补偿钢丝绳的锈蚀情况，检查是否铁锈填满绳股间隙　□是　□否	□符合 □不符合

（2）电梯钢丝绳端部固定的检验

按电梯钢丝绳端部固定检验的内容与要求，在教师的指导下完成该项目的自检，记录检验结果。检验过程中，用手机拍照或录像记录检验过程。

电梯钢丝绳端部固定检验记录

项目	检验内容与要求	检验图示	检验过程及分析判定	检验结果
5.2 端部固定装置 C	悬挂钢丝绳绳端部固定应可靠，弹簧、螺母、开口销等连接部件无缺损。对于强制驱动电梯，应采用带楔块的压紧装置，固定或者至少用3个压板将钢丝绳固定在卷筒上。采用其他类型悬挂装置的，其端部固定应符合制造单位的规定		（1）目测钢丝绳绳端固定是否可靠　□是　□否 （2）目测弹簧、螺母、开口销等连接部件是否完整且无缺损　□是　□否 （3）对于强制驱动电梯，目测是否带楔块的压紧装置，或是否固定钢丝绳的压板数量不少于3个　□是　□否	□符合 □不符合

（3）电梯补偿装置的检验

按电梯补偿装置检验的内容与要求，在教师的指导下完成该项目的自检，记录检验结果。检验过程中，用手机拍照或录像记录检验过程。

电梯补偿装置检验记录

<table>
<tr><th>项目</th><th>检验内容与要求</th><th>检验图示</th><th>检验过程及分析判定</th><th>检验结果</th></tr>
<tr><td rowspan="3">5.3
补偿
装置
C</td><td>（1）补偿绳（链）端固定应可靠</td><td rowspan="3">A—绳扣
B—3mm钢丝</td><td>目测补偿绳（链）端固定是否牢固可靠
□是 □否</td><td>□符合
□不符合</td></tr>
<tr><td>（2）应使用电气安全装置来检查补偿绳的最小张紧位置</td><td>手动操作补偿绳张紧开关后运行电梯，测试电气安全装置是否有效
□是 □否</td><td>□符合
□不符合</td></tr>
<tr><td>（3）当电梯的额定速度大于3.5 m/s时，还应设置补偿绳防跳装置，该装置动作时应有一个电气安全装置使电梯驱动主机停止运转</td><td>（1）被检验电梯的额定速度为______m/s
（2）手动操作补偿绳电气防跳装置后运行电梯，测试电气防跳安全装置是否有效 □是 □否</td><td>□符合
□不符合</td></tr>
</table>

3．制作自检作业指导

制作电梯悬挂装置、补偿装置、钢丝绳及钢丝绳端部固定自检作业指导（word 文档）。要求图文并茂，作业指导能以图片或视频真实反映本项目的检验过程细节。

七、实施旋转部件防护检验

1．准备知识

通过互联网检索或查阅相关资料，回答下列问题。

（1）根据《电梯制造与安装安全规范》（GB 7588—2003）中的要求，电梯曳引系统的哪些旋转部件需要安装防护装置？

（2）旋转部件安装防护装置的作用是什么？

（3）在电梯安装防护装置的检验过程中需要注意哪些安全事项？

（4）电梯旋转部件防护检验的具体要求及方法有哪些？

2．实施旋转部件防护的检验

按旋转部件防护检验的内容与要求，在教师的指导下完成该项目的自检，记录检验结果。检验过程中，用手机拍照或录像记录检验过程。

旋转部件防护检验记录

项目	检验内容与要求	检验图示	检验过程及分析判定	检验结果
5.6 旋转部件的防护C	（1）采用悬臂式曳引轮或者链轮时，有防止钢丝绳脱离绳槽或者链条脱离链轮的装置，并且当驱动主机不装设在井道上部时，有防止异物进入绳与绳槽之间或者链条与链轮之间的装置	防咬入防护装置	（1）目测曳引轮或链轮是否有防止钢丝绳脱离绳槽或者链条脱离链轮的防护装置 □是 □否 （2）当驱动主机不装设在井道上部时，目测是否有防止异物进入绳与绳槽之间或者链条与链轮之间的防护装置 □是 □否	□符合 □不符合
	（2）井道内的导向滑轮、曳引轮、轿架上固定的反绳轮和补偿绳张紧轮，有防止钢丝绳脱离绳槽和进入异物的防护装置	防咬入及防异物装置	目测井道内的导向滑轮、曳引轮、轿架上固定的反绳轮和补偿绳张紧轮外是否有防止钢丝绳脱离绳槽和进入异物的防护装置 □是 □否	□符合 □不符合

3．制作自检作业指导

制作旋转部件防护自检作业指导（word 文档）。要求图文并茂，作业指导能以图片或视频真实反映本项目的检验过程细节。

八、竣工及验收

1．填写自检报告

根据检验记录，填写“轿厢对重及悬挂补偿装置自检报告”，判定各个检验项目的检验结论，做好记录。

2．存在不合格项的处理

（1）当检验结论存在不合格项时，与填写“工作联系单”，并与使用单位沟通，明确整改工作内容，指导使用单位整改。同时，将不合格项及原因记录在“轿厢对重及悬挂补偿装置自检报告”的“存在问题及整改情况”栏目中。

工作联系单

编号：

工程名称		日　期	
接收单位		抄送单位	
主　　题			
接收单位		发出单位	
负责人		技术负责人	

（2）使用单位整改完毕，对使用单位的整改情况进行复检，直至合格，同时，将整改情况记录在“轿厢对重及悬挂补偿装置自检报告”的“存在问题及整改情况”栏目中。

3．交付验收

（1）现场检验（包括整改复检合格）全部项目合格后，在“轿厢对重及悬挂补偿装置自检报告”的“自检结论”栏目填写自检意见和自检结论，将“轿厢对重及悬挂补偿装置自检报告”交付维保单位技术负责人（教师）进行审核，经过审核人签字后，加盖维保单位公章。

（2）将加盖维保单位公章的“轿厢对重及悬挂补偿装置相关设备自检报告”交付使用单位负责人确认，并加盖使用单位公章，之后将自检报告提交一份到维保单位存档。

4．收尾工作

自检工作完全结束后，将检验前领用的工具、仪器、材料及资料等归还管理员，填写相关记录。

学习活动 4　工作总结与评价

学习目标

1. 能按分组情况，派代表展示工作成果，说明本次任务的完成情况，并做分析总结。

2. 能结合任务完成情况，正确规范地撰写工作总结。

3. 能就本次任务中出现的问题提出改进措施。

4. 能对学习与工作进行反思总结，并能与他人开展良好合作，进行有效沟通。

建议学时　4 学时

学习过程

一、个人、小组评价

以小组为单位，选择演示文稿、展板、海报、视频等形式中的一种或几种，向全班展示、汇报成果。在展示的过程中，以小组为单位进行评价；评价完成后，根据其他小组成员对本组展示成果的评价意见进行归纳总结。

汇报设计思路：

其他小组成员的评价意见：

二、教师评价

认真听取教师对本小组展示成果优缺点以及在完成任务过程中出现的亮点和不足的评价意见，并做好记录。

1．教师对本小组展示成果优点的点评。

2．教师对本小组展示成果缺点及改进方法的点评。

3．教师对本小组在整个任务完成过程中出现的亮点和不足的点评。

三、工作过程回顾及总结

1．在团队学习过程中，项目负责人给你分配了哪些工作任务？你是如何完成的？还有哪些需要改进的地方？

2．总结完成任务过程中遇到的问题和困难，列举 2 ~ 3 点你认为比较值得与其他同学分享的工作经验。

3．回顾本学习任务的工作过程，对新学专业知识和技能进行归纳和整理，撰写工作总结。

评价与分析

按照客观、公正和公平原则，在教师的指导下按自我评价、小组评价和教师评价三种方式对自己或他人在本学习任务中的表现进行综合评价。综合等级按：A（90 ~ 100）、B（75 ~ 89）、C（60 ~ 74）、D（0 ~ 59）四个级别进行填写。

学习任务综合评价表

<table>
<tr><th rowspan="2">考核项目</th><th rowspan="2">评价内容</th><th rowspan="2">配分（分）</th><th colspan="3">评价分数</th></tr>
<tr><th>自我评价</th><th>小组评价</th><th>教师评价</th></tr>
<tr><td rowspan="6">职业素养</td><td>劳动保护用品穿戴完备，仪容仪表符合工作要求</td><td>5</td><td></td><td></td><td></td></tr>
<tr><td>安全意识、责任意识、服从意识强</td><td>6</td><td></td><td></td><td></td></tr>
<tr><td>积极参加教学活动，按时完成各项学习任务</td><td>6</td><td></td><td></td><td></td></tr>
<tr><td>团队合作意识强，善于与人交流和沟通</td><td>6</td><td></td><td></td><td></td></tr>
<tr><td>自觉遵守劳动纪律，尊敬师长，团结同学</td><td>6</td><td></td><td></td><td></td></tr>
<tr><td>爱护公物，节约材料，管理现场符合 6S 标准</td><td>6</td><td></td><td></td><td></td></tr>
<tr><td rowspan="3">专业能力</td><td>专业知识扎实，有较强的自学能力</td><td>10</td><td></td><td></td><td></td></tr>
<tr><td>操作积极，训练刻苦，具有一定的动手能力</td><td>15</td><td></td><td></td><td></td></tr>
<tr><td>任务完成规范，工作效率高</td><td>10</td><td></td><td></td><td></td></tr>
<tr><td rowspan="2">工作成果</td><td>自检报告填写规范，质量高</td><td>20</td><td></td><td></td><td></td></tr>
<tr><td>工作总结符合要求</td><td>10</td><td></td><td></td><td></td></tr>
<tr><td colspan="2">总分</td><td>100</td><td></td><td></td><td></td></tr>
<tr><td>总评</td><td>自我评价 ×20%+ 小组评价 ×20%+ 教师评价 ×60%=</td><td>综合等级</td><td colspan="3">教师（签名）：</td></tr>
</table>

学习任务五　轿门与层门定期检验

学习目标

1. 能正确阅读工作任务单，明确任务内容、要点及要求，接受安全交底。

2. 能明确检验工作流程，制订工作计划，安排、组织人员；能与使用单位沟通，明确使用单位应准备及配合相关工作；能准备检验所需工具、仪器等，并进行完好性检查。

3. 能进行检验开始前的现场准备工作；能根据《检验规则》附件A中“6.3、6.4、6.5、6.6、6.7、6.8、6.9、6.10、6.11、6.12”的检验项目、内容与要求，实施轿门与层门自检，完整填写检验过程记录，判定检验结果和检验结论，制作检验指导；当检验存在不合格项时，能规范填写“工作联系单”，并与使用单位沟通，正确处理相关事项；检验结束后，能规范填写“轿门与层门自检报告”，提交班组长验收。

4. 能撰写汇报工作总结，改进、完善工作中存在的问题。

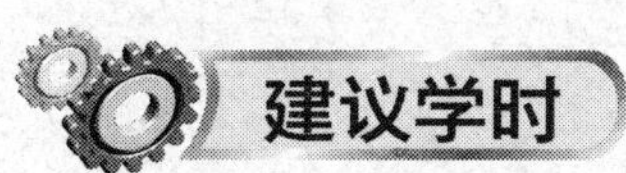

建议学时

40学时

工作情景描述

某公司有1台有机房曳引驱动乘客电梯，该电梯的额定载重量为1 000 kg，额定速度为1.0 m/s，共有3层3站，采用微机集选控制方式，距离电梯使用标志标注的下次检验日期还有36天，现因申请特种设备检验检测机构定期检验前自行检查的需要，维保组长安排本组组员完成该台电梯定期检验轿门与层门自检，工期为2天，检验地点为电梯使用现场，自检完成后交付维保组长验收。当前该电梯已按年度保养项目及要求完成了年度保养。

工作流程与活动

学习活动 1　明确工作任务（4 学时）

学习活动 2　检验前的准备工作（4 学时）

学习活动 3　实施轿门与层门自检（28 学时）

学习活动 4　工作总结与评价（4 学时）

学习活动 1　明确工作任务

学习目标

1. 能阅读工作任务单，明确任务内容、要点及要求。

2. 能描述电梯门系统部件组成，轿门与层门检验项目、内容及要求，能识别轿门与层门系统检验中的各装置和电器元件。

3. 掌握安全技术交底及交底内容。

建议学时　4 学时

学习过程

一、获取工作任务

阅读工作任务单、轿门与层门自检报告，通过互联网检索或查阅相关资料，了解本次工作任务的内容、工期及验收标准等要求，回答表后所列问题。自检报告在本次工作结束时填写。

工作任务单

流水号	2020-09-048	任务名称	轿门与层门定期检验前自检
工期	2 天	开工日期	2020.5.17—5.18
任务描述	某电梯维保单位与某电梯使用单位签订了维保合同，维保 1 台有机房曳引驱动乘客电梯，该电梯的额定载重量为 1 000 kg，额定速度为 1.0 m/s，共有 3 层 3 站，采用微机集选控制方式，距离电梯使用标志标注的下次检验日期还有 36 天，现因申请特种设备检验检测机构定期检验前自行检查的需要，维保组长安排本组组员完成该台电梯轿门与层门的自检工作，检验项目、要求与方法依据《检验规则》附件 A 中“6.3、6.4、6.5、6.6、6.7、6.8、6.9、6.10、6.11、6.12”进行，		

续表

任务描述	检验结论需达到其中检验要求的规定。自检过程中记录检验结果和检验结论，检验结束后填写“轿门与层门自检报告”，工期为 2 天，检验地点为电梯使用单位电梯使用现场，完成后交付验收。该电梯当前已按年度保养项目及要求完成年度保养。具体要求如下： （1）自检过程中，记录自检结果和结论。 （2）自检过程中，使用手机拍照或录像自检过程或关键点，使用 word 制作轿门与层门自检作业指导书，作业指导书能详细反映检验项目的检验过程。 （3）现场自检完毕，若存在问题需要整改，规范填写“工作联系单”，与使用单位沟通、交流，指导使用单位完成整改。 （4）根据《检验规则》的要求，完成使用单位的轿门与层门的自检，规范填写“轿门与层门自检报告”，提交维保组长验收		
使用单位	×××某物业管理有限公司		
使用地址	××市××区穿金路××小区 10 栋		
设备注册代码		使用单位设备编号	L8
安全管理人员	王正	电话	0871-88888888
设备名称	曳引驱动乘客电梯	型号	TKJ 1000/2.5 JXW
额定载重质量	1 000 kg	额定速度	1.0 m/s
层站数	3 层 3 站	控制方式	微机集选
是否经过改造	是☐ 否☑		
审查人员		复检人	
工作单签发人		签发日期	

轿门与层门自检报告

项目及类别		检验内容与要求	检验结果	检验结论
轿门与层门	6.3 门间隙 C	门关闭后，应当符合以下要求：		
		（1）门扇之间及门扇与立柱、门楣和地坎之间的间隙，对于乘客电梯不大于 6 mm；对于载货电梯不大于 8 mm，使用过程中由于磨损，允许达到 10 mm		
		（2）在水平移动门和折叠门主动门扇的开启方向，以 150 N 的人力施加在一个最不利的点，前条所述的间隙允许增大，但对于旁开门不大于 30 mm，对于中分门其总和不大于 45 mm		

续表

<table>
<tr><th colspan="2">项目及类别</th><th>检验内容与要求</th><th>检验结果</th><th>检验结论</th></tr>
<tr><td rowspan="8">轿门与层门</td><td>6.4 玻璃门防拖曳措施 C</td><td>轿门和层门采用玻璃门时，有防止儿童的手被拖曳的措施</td><td></td><td></td></tr>
<tr><td>6.5 防止门夹人的保护装置 B</td><td>动力驱动的自动水平滑动门应设置防止门夹人的保护装置，人员通过层门入口被正在关闭的门扇撞击或者将被撞击时，该装置应自动使门重新开启</td><td></td><td></td></tr>
<tr><td>6.6 门的运行和导向 B</td><td>轿门和层门正常运行时不得出现脱轨、机械卡阻或者在行程终端时错位；由于磨损、锈蚀或者火灾可能造成层门导向装置失效时，应设置应急导向装置，使层门保持在原有位置</td><td></td><td></td></tr>
<tr><td>6.7 自动关闭层门装置 B</td><td>在轿门驱动层门的情况下，当轿厢在开锁区域之外时，如果层门开启（无论何种原因），应有一种装置能够确保该层门自动关闭。自动关闭装置采用重块时，应有防止重块坠落的措施</td><td></td><td></td></tr>
<tr><td>6.8 紧急开锁装置 B</td><td>每个层门均应能够被一把符合要求的钥匙从外面开启；紧急开锁后，在层门闭合时门锁装置不应保持开锁位置</td><td></td><td></td></tr>
<tr><td rowspan="4">6.9 门的锁紧 B</td><td colspan="2">（1）每个层门都应设有符合下述要求的门锁装置：</td><td rowspan="4"></td></tr>
<tr><td>1）门锁装置上设有铭牌，标明制造单位名称、型号和型式试验机构的名称或者标志，铭牌和型式试验证书内容相符</td><td></td></tr>
<tr><td>2）锁紧动作应当由重力、永久磁铁或者弹簧来产生和保持，即使永久磁铁或者弹簧失效，重力也不能导致开锁</td><td></td></tr>
<tr><td>3）轿厢应在锁紧元件啮合不小于 7 mm 时才能启动</td><td></td></tr>
</table>

续表

<table>
<tr><th colspan="2">项目及类别</th><th>检验内容与要求</th><th>检验结果</th><th>检验结论</th></tr>
<tr><td rowspan="9">轿门与层门</td><td rowspan="2">6.9
门的锁紧
B</td><td>4）门的锁紧应由一个电气安全装置来验证，该装置应由锁紧元件强制操作而没有任何中间机构，并且能够防止误动作</td><td></td><td></td></tr>
<tr><td>（2）如果轿门采用了门锁装置，该装置也应符合（1）的要求</td><td></td><td></td></tr>
<tr><td rowspan="2">6.10
门的闭合
B</td><td>（1）正常运行时应不能打开层门，除非轿厢在该层门的开锁区域内停止或层站；如果一个层门或者轿门（或者多扇门中的任何一扇门）开着，在正常操作情况下，应不能启动电梯或者不能保持继续运行</td><td></td><td rowspan="2"></td></tr>
<tr><td>（2）每个层门和轿门的闭合都应由电气安全装置来验证，如果滑动门是由数个间接机械连接的门扇组成，则未被锁住的门扇上也应设置电气安全装置以验证其闭合状态</td><td></td></tr>
<tr><td rowspan="2">6.11
轿门开门限制装置及轿门的开启
B</td><td>（1）应设置轿门开门限制装置，当轿厢停在开锁区域外时，能够防止轿厢内的人员打开轿门离开轿厢</td><td></td><td></td></tr>
<tr><td>（2）在轿厢意外移动保护装置允许的最大制停距离范围内，打开对应的层门后，能够不用工具（三角钥匙或者永久性设置在现场的工具除外）从层站处打开轿门</td><td></td><td></td></tr>
<tr><td>6.12
门刀、门锁滚轮与地坎间隙C</td><td>轿门门刀与层门地坎、层门锁滚轮与轿厢地坎的间隙应不小于5 mm；电梯运行时不得互相碰擦</td><td></td><td></td></tr>
<tr><td colspan="4">存在问题及整改情况</td></tr>
<tr><td colspan="4"></td></tr>
</table>

续表

<table>
<tr><th colspan="2">自检结论</th></tr>
<tr><td></td><td rowspan="3">维保单位（公章）

年　月　日</td></tr>
<tr><td>自检人：　日期：</td></tr>
<tr><td>审查人：　日期：</td></tr>
<tr><th colspan="2">使用单位意见</th></tr>
<tr><td></td><td rowspan="2">使用单位（公章）

年　月　日</td></tr>
<tr><td>使用单位负责人：　日期：</td></tr>
</table>

1．该项工作的具体内容是什么？

2．该项工作的验收标准是什么？

3．该项工作完工时，应提交哪些记录或报告?

二、认识电梯轿门与层门系统

1．通过互联网检索或查阅相关资料，写出轿门与层门各部分的名称和组成部件。

轿门与层门各部分的名称和组成部件

电梯空间图示	位置	名称	组成部件
A B C	A	轿门	
	B	护脚板	
	C		

2．对照轿门与层门结构图，通过互联网检索或查阅相关资料，写出各部分的名称及作用。

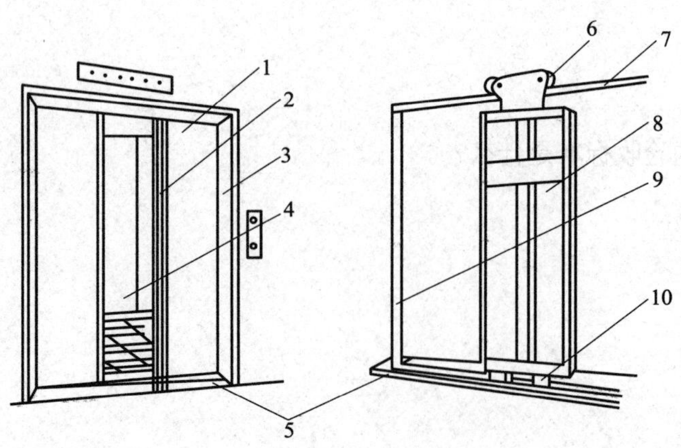

轿门与层门部件名称及作用

位置	名称	作用
1	层门	提供每一层站的人员或货物进出轿厢
2		
3	门套	
4	轿厢	
5		
6		
7	层门导轨架	
8	门扇	
9		
10		

三、明确自检内容和要求

1．简述轿门与层门定期检验自检的概念。

2．阅读“轿门与层门自检报告”，简述轿门与层门定期检验自检的项目。

3．阅读“轿门与层门自检报告”，筛选出你不认识的设备和装置。

4. 到电梯实训场地指出你还不认识的装置的安装位置，用手机拍照后查阅资料进行学习，制作一份 PowerPoint 演示文稿，内容至少包括装置名称、作用、安装位置及相关照片等。

四、安全交底

根据学习任务二学习活动 1 的安全交底内容进行复述，完成后在下表中签字。

安全技术交底表

交底人：	交底日期：
接受人：	接受日期：

学习活动 2　检验前的准备工作

学习目标

1. 能明确轿门与层门检验工作流程，制订工作计划，安排、组织人员。

2. 能与使用单位沟通，明确使用单位应准备及配合的相关工作。

3. 能准备检验所需的工具、仪器及材料，并进行完好性检查。

建议学时　4 学时

学习过程

一、制订工作计划

1. 轿门与层门定期检验自检主要包括 7 个工作流程，根据该工艺流程，制订工作计划。

工 作 计 划

序号	工作流程	人员分工	工时
1	明确任务，接受安全交底		
2	检验前的准备工作		
3	检验开始前的现场准备		
4	实施门间隙、玻璃门防拖曳措施等检验		
5	实施门的运行和导向、自动关闭层门装置等检验		
6	实施门的闭合、轿门开门限制装置等检验		
7	竣工及验收		

2．结合本次检验工作计划，简述本次检验工作的施工组织及人员分工。

二、与使用单位沟通

简述检验现场需具备的检验条件，列出使用单位应准备的工作，并与之沟通对接下一步能确定开展工作的时间。

三、准备工具、仪器及材料

1．写出以下检验工作可能用到的工具、仪器的使用注意事项。

轿门与层门检验工具、仪器

序号	工具、仪器图片	工具、仪器名称	使用注意事项
1		塞尺	
2	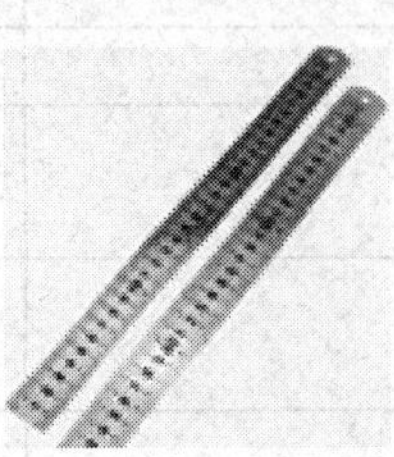	钢直尺	

续表

序号	工具、仪器图片	工具、仪器名称	使用注意事项
3		磁力线坠	
4		万用表	
5		拉力计	
6		顶门器	
7		厅门三角钥匙	

2．列举完成轿门与层门检验工作任务可能会用到规范和标准。

3．为保证轿门与层门自检工作的正常开展，到电梯管理员处领取检验所需工具、仪器及材料，填写领用登记表，并检查完好性。

领用登记表

序号	工具、仪器及材料名称	规格	数量	领用检查	归还检查
1				□完好 □损坏	□完好 □损坏
2				□完好 □损坏	□完好 □损坏
3				□完好 □损坏	□完好 □损坏
4				□完好 □损坏	□完好 □损坏
5				□完好 □损坏	□完好 □损坏
6				□完好 □损坏	□完好 □损坏
7				□完好 □损坏	□完好 □损坏
8				□完好 □损坏	□完好 □损坏
9				□完好 □损坏	□完好 □损坏
10				□完好 □损坏	□完好 □损坏
领用人： 管理员：		领用日期： 发放日期：			
归还人： 管理员：		归还日期： 回收日期：			

4．为保证本次检验工作的正常开展，到电梯管理员处领取检验所需规范、标准和资料，做好记录。

规范、标准和资料明细表

序号	规范和资料名称	数量	领用日期	归还日期	领用人	管理员
1						
2						
3						
4						
5						
6						

学习活动 3　实施轿门与层门自检

学习目标

1. 能进行安全措施、检验条件的确认；能进行检验开始前的现场准备工作。

2. 能根据《检验规则》附件 A 中“6.3、6.4、6.5、6.6、6.7、6.8、6.9、6.10、6.11、6.12”的检验项目、内容与要求，实施轿门与层门自检，填写检验过程数据，制作检验指导。

3. 当检验存在不合格项时，能规范填写“工作联系单”，与使用单位沟通，正确处理相关事项，指导使用单位完成整改。

4. 检验结束，能规范填写“轿门与层门自检报告”，提交班组长验收。

5. 能在检验过程中，自觉遵守施工现场 6S 管理规定。

建议学时　28 学时

学习过程

一、检验开始前的现场准备

1．现场准备工作

（1）安全措施确认

在开始现场检验工作前，确认必要的安全技术措施是否到位。

安全措施检查表

检查项目
□安全带　□安全帽　□安全鞋　□安全绳　□手套　□安全网　□沟通及确认 □工装完整有效　□人员持证上岗　□警示牌或防护栏摆放到位

（2）检验开始前的准备工作

根据学习任务二所学检验开始前的准备工作步骤，实施检验开始前的准备工作，填写记录。

检验开始前的准备工作记录

准备步骤	实施结果
（1）基站放置警示牌或防护栏	□完成 □未完成
（2）将电梯开至顶楼，了解电梯使用状况	□完成 □未完成
（3）确认轿厢内没有乘客，将机房紧急电动运行开关旋至“应急运行”位置，关闭轿门、层门	□完成 □未完成

2．实施现场检验条件检查

（1）在开始现场检验工作前，为保证安全，根据学习任务二所学现场检验条件检查步骤，确认现场是否具备检验条件，记录检查结果和结论。检查过程中，用手机拍照或录像记录检验过程。

电梯现场检验条件确认记录表

检查步骤	检查结果	检查结论
（1）机房或者机器设备间的空气温度保持在 5 ~ 40 ℃之间	□符合 □不符合	□合格 □不合格
（2）电源输入电压波动在额定电压值 ±7%的范围内	□符合 □不符合	
（3）环境空气中没有腐蚀性和易燃性气体及导电尘埃	□符合 □不符合	
（4）检验现场（主要指机房或者机器设备间、井道、轿顶、底坑）清洁，没有与电梯工作无关的物品和设备，基站、相关层站等检验现场放置表明正在进行检验的警示牌	□符合 □不符合	
（5）对井道进行必要的封闭	□符合 □不符合	

（2）存在问题时的处理

1）当现场检验条件的检查结论存在“不合格”项时，应如何处理？

2）使用单位整改完毕后，如何处理才能继续实施检验？

二、实施门间隙、玻璃门防拖曳措施等检验

1．准备知识

查阅电梯安全技术规范和相关资料，回答下列问题。

（1）电梯门间隙有哪些类型？

（2）简述门扇间隙偏差的影响。

（3）简述层门间隙的测量方法。

（4）在实施门间隙测量时，需在水平移动门和折叠门主动门扇的开启方向，以 150 N 的人力施加在一个最不利的点进行间隙测量，该“最不利的点”指的是门的哪些位置？

（5）防止儿童的手被拖曳的措施有哪些？

（6）防止门夹人的保护装置类型有哪些?

（7）简述光幕保护装置的动作过程。

2．实施检验

（1）实施门间隙的检验

按门间隙检验的内容与要求，在教师的指导下完成该项目的检验，填写检验记录、检验结果。检验过程中，用手机拍照或录像记录检验过程。

门间隙检验记录

项目	检验内容与要求	检验图示	检验过程及分析	检验结果
6.3 门间 隙 C	（1）门扇之间及门扇与立柱、门楣和地坎之间的间隙对于乘客电梯不大于 6 mm；对于载货电梯不大于 8 mm，使用过程中由于磨损，允许达到 10 mm		门扇与门扇间隙测量： （1）将轿顶检修盒设置为检修状态 （2）使层门关闭到位 （3）使用 T 形塞尺缓慢插入门扇与门扇间隙，轻轻顶紧，紧贴间隙处读取塞尺的数值为______mm （4）判断测量结果是否合格，如为乘客电梯，应不大于 6 mm，如为载货电梯，应不大于 8 mm 或 10 mm（考虑磨损） 依照该方法逐一测量各层门门扇间隙，填在后面的“门间隙检验记录表”中	□符合 □不符合
			门扇与立柱间隙测量： （1）使用 T 形塞尺缓慢插入门扇与立柱间隙，轻轻顶紧，紧贴间隙处读取塞尺的数值为______mm	□符合 □不符合

续表

项目	检验内容与要求	检验图示	检验过程及分析	检验结果
6.3 门间 隙C	（1）门扇之间及门扇与立柱、门楣和地坎之间的间隙对于乘客电梯不大于6 mm；对于载货电梯不大于8 mm，使用过程中由于磨损，允许达到10 mm		（2）判断测量结果是否合格，如为乘客电梯，应不大于6 mm，如为载货电梯，应不大于8 mm或10 mm（考虑磨损） 依照该方法逐一测量各层门门扇与立柱间隙，填在后面的“门间隙检验记录表”中	
			门扇与门楣间隙测量： 参照上述测量方法和判断标准，测量门扇与门楣间隙，将结果填在后面的“门间隙检验记录表”中	□符合 □不符合
			门扇与地坎间隙测量： 参照上述测量方法和判断标准，测量门扇与地坎间隙，将结果填在“门间隙检验记录表”中	□符合 □不符合
			轿门间隙测量： 轿门间隙包括四种类型：轿门门扇间隙、轿门与立柱间隙、轿门与门楣间隙、轿门与地坎间隙，参照上述测量方法和判断标准，逐一测量后，将结果填在“门间隙检验记录表”中	□符合 □不符合
	（2）在水平移动门和折叠门主动门扇的开启方向，以150 N的人力施加在一个最不利的点，前条所述的间隙允许增大，但对于旁开门不大于30 mm，对于中分门其总和不大于45 mm		用手将拉力计紧扣在水平移动门和折叠门主动门扇开启方向的最不利点（靠近门楣或者门地坎侧）的门扇间隙处，施加150 N的力，用钢直尺测量旁开门或者中分门此时的间隙，将测量值逐一填在“门间隙检验记录表”中	□符合 □不符合

门间隙检验记录表

项目	□客梯　　□货梯			
项目	层门门扇与门扇间隙	层门门扇与立柱间隙	层门门扇与门楣间隙	轿门门扇与门扇间隙
要求 / 层站	客梯不大于 6 mm 货梯不大于 8 mm	客梯不大于 6 mm 货梯不大于 8 mm	客梯不大于 6 mm 货梯不大于 8mm	客梯不大于 6 mm 货梯不大于 8 mm
1				
2				
3				
4				
项目	轿门门扇与立柱间隙	轿门门扇与门楣间隙	旁开门施加 150 N 的力在最不利的点间隙	中分门施加 150 N 的力在最不利点的间隙
要求 / 层站	客梯不大于 6 mm 货梯不大于 8 mm	客梯不大于 6 mm 货梯不大于 8 mm	不大于 30 mm	不大于 45 mm
1				
2				
3				
4				
检验结果	□符合　　□不符合			

（2）实施玻璃门防拖曳措施的检验

按玻璃门防拖曳措施检验的内容与要求，在教师的指导下完成该项目的检验，填写检验记录、检验结果。检验过程中，用手机拍照或录像记录检验过程。

玻璃门防拖曳措施检验记录

项目	检验内容与要求	检验图示	检验过程及分析判定	检验结果
6.4 玻璃门防拖曳措施 C	轿门和层门采用玻璃门时，有防止儿童的手被拖曳的措施		按以下步骤检验，将结果填入后面的记录表中： （1）目测玻璃门上是否贴有醒目的胶带或提示 （2）观察胶带和提示是否清楚、醒目且易被发现	□符合 □不符合

玻璃门防拖曳措施检验记录表

层站＼项目	玻璃门防拖曳措施
1	（□是　□否）有醒目胶带或提示
2	（□是　□否）有醒目胶带或提示
3	（□是　□否）有醒目胶带或提示
4	（□是　□否）有醒目胶带或提示
检验结果	□符合　□不符合

（3）实施防止门夹人保护装置的检验

按实施防止门夹人保护装置检验的内容与要求，在教师的指导下完成该项目的检验，填写检验记录、检验结果。检验过程中，用手机拍照或录像记录检验过程。

防止门夹人保护装置检验记录

项目	检验内容与要求	检验图示	检验过程及分析判定	检验结果
6.5 防止门夹人的保护装置 B	动力驱动的自动水平滑动门应当设置防止门夹人的保护装置，人员通过层门入口被正在关闭的门扇撞击或者将被撞击时，该装置应自动使门重新开启		（1）按照进出轿顶安全交底程序，将轿顶检修盒设置为正常运行　□是　□否 （2）本电梯的保护装置类型为：□光幕　□安全触板 1）光幕检验： 在厅外呼梯，此时层门打开，随后在门关闭过程中用手遮挡光线，检查门是否立即重新打开到位，直到障碍物移开后才重新关门 □是　□否 2）安全触板检验： 在门关闭过程中，用工具碰撞门上的安全触板，检查门是否立即重新打开到位，直到障碍物移开安全触板复位后才重新关闭 □是　□否	□符合 □不符合

3．制作自检作业指导

制作门间隙、玻璃门防拖曳措施、防止门夹人的保护装置自检作业指导（word 文档）。要求图文并茂，作业指导能以图片或视频真实反映本项目的检验过程细节。

三、实施门的运行和导向、自动关闭层门装置等检验

1．准备知识

通过互联网检索或查阅相关资料，回答以下问题。

（1）自动关闭层门装置的作用是什么？

（2）自动关闭层门装置包括哪些装置？

2．实施检验

（1）实施门的运行和导向的检验

按门的运行和导向检验的内容与要求，在教师的指导下完成该项目的检验，填写检验记录、检验结果。检验过程中，用手机拍照或录像记录检验过程。

门的运行和导向检验记录

项目	检验内容与要求	检验图示	检验过程及分析判定	检验结果
6.6 门的运行和导向 B	轿门和层门正常运行时不得出现脱轨、机械卡阻或者在行程终端时错位；由于磨损、锈蚀或者火灾可能造成层门导向装置失效时，应设置应急导向装置，使层门保持在原有位置		按以下步骤检验，将结果填入后面的记录表中： （1）检查门楣上导向轮安装是否到位 （2）检查导向钢丝绳是否完好无损 （3）检查门扇垂直度是否符合要求 （4）检查层门地坎与轿门地坎内是否清洁干净 （5）检查门扇之间及门扇与门楣立柱，门扇与地坎的间隙是否符合要求 （6）检查层门与轿门滑块安装是否正确	□符合 □不符合

门的运行和导向检验记录表

层站 \ 项目	门的运行和导向
1	（1）□是　□否　（2）□是　□否　（3）□是　□否 （4）□是　□否　（5）□是　□否　（6）□是　□否
2	（1）□是　□否　（2）□是　□否　（3）□是　□否 （4）□是　□否　（5）□是　□否　（6）□是　□否
3	（1）□是　□否　（2）□是　□否　（3）□是　□否 （4）□是　□否　（5）□是　□否　（6）□是　□否
4	（1）□是　□否　（2）□是　□否　（3）□是　□否 （4）□是　□否　（5）□是　□否　（6）□是　□否
检验结果	□符合　□不符合

（2）实施自动关闭层门装置的检验

按自动关闭层门装置检验的内容与要求，在教师的指导下完成该项目的检验，填写检验记录、检验结果。检验过程中，用手机拍照或录像记录检验过程。

自动关闭层门装置检验记录

项目	检验内容与要求	检验图示	检验过程及分析判定	检验结果
6.7 自动关闭层门装置 B	在轿门驱动层门的情况下，当轿厢在开锁区域之外时，如果层门开启（无论何种原因），应有一种装置能够确保该层门自动关闭。自动关闭装置采用重块时，应有防止重块坠落的措施		按以下步骤检验，将结果填入后面的记录表中： （1）轿顶检修运行电梯离开开门区位置，手动打开层门后检查层门是否自动关闭到位 （2）检查自闭弹簧导向轮、弹簧固定位置是否可靠 （3）检查自闭重锤装置，观察是否在层门门扇上面加装防止重锤坠落装置	□符合 □不符合

自动关闭层门检验记录表

层站＼项目	自动关闭层门
1	（1）□是　□否　（2）□是　□否　（3）□是　□否
2	（1）□是　□否　（2）□是　□否　（3）□是　□否
3	（1）□是　□否　（2）□是　□否　（3）□是　□否
4	（1）□是　□否　（2）□是　□否　（3）□是　□否
检验结果	□符合　□不符合

（3）实施紧急开锁装置的检验

按紧急开锁装置检验的内容与要求，在教师的指导下完成该项目的检验，填写检验记录、检验结果。检验过程中，用手机拍照或录像记录检验过程。

紧急开锁装置检验记录

项目	检验内容与要求	检验图示	检验过程及分析判定	检验结果
6.8 紧急开锁装置 B	每个层门均应能够被一把符合要求的钥匙从外面开启；紧急开锁后，在层门闭合时门锁装置不应保持开锁位置		按以下步骤检验，将结果填入后面的记录表中： （1）设置轿顶处于检修状态，使用符合要求的三角钥匙打开基层层门锁钩，当门打开时，观察紧急开锁装置是否自动复位 （2）门关闭后检查紧急开锁装置是否处于锁闭状态	□符合 □不符合

紧急开锁装置检验记录表

层站＼项目	紧急开锁装置
1	（1）□是　□否　（2）□是　□否
2	（1）□是　□否　（2）□是　□否
3	（1）□是　□否　（2）□是　□否
4	（1）□是　□否　（2）□是　□否
检验结果	□符合　□不符合

（4）实施门的锁紧检验

按门的锁紧检验的内容与要求，在教师的指导下完成该项目的检验，填写检验记录、检验结果。检验过程中，用手机拍照或录像记录检验过程。

门的锁紧检验记录

项目	检验内容与要求	检验图示	检验过程及分析判定	检验结果
6.9 门的锁紧 B	（1）每个层门都应设有符合下述要求的门锁装置： 1）门锁装置上设有铭牌，标明制造单位名称、型号和型式试验机构的名称或者标志，铭牌和型式试验证书内容相符 2）锁紧动作应当由重力、永久磁铁或者弹簧来产生和保持，即使永久磁铁或者弹簧失效，重力也不能导致开锁 3）轿厢应当在锁紧元件啮合不小于7 mm时才能启动 4）门的锁紧应由一个电气安全装置来验证，该装置应由锁紧元件强制操作而没有任何中间机构，并且能够防止误动作		按以下步骤检验，将结果填入后面的记录表中： （1）目测门锁装置的铭牌是否符合要求；检查电梯合格证型式试验报告；目测门锁装置重力弹簧或磁铁是否安装到位 （2）目测门锁装置重力弹簧或磁铁是否安装到位 （3）用钢直尺测量层门锁钩在锁闭位置时啮合深度是否≥7 mm，将测量值填在后面的“门的锁紧检验记录表”中 （4）验证门锁紧电气装置：用符合要求的三角钥匙打开层门，轿顶检修运行电梯应不能启动，当层门关闭到位电气装置闭合后电梯才能启动	□符合 □不符合

续表

项目	检验内容与要求	检验图示	检验过程及分析判定	检验结果
6.9 门的锁紧 B	（2）如果轿门采用了门锁装置，该装置也应符合（1）的要求		（5）采用同上方法验证轿门门锁装置	□符合 □不符合

门的锁紧检验记录表

项目	门的锁紧
要求 层站	锁钩在锁闭时的啮合深度不小于7mm
1	（1）□是　□否　（2）□是　□否　（3）啮合深度测量值：____mm （4）□是　□否　（5）□是　□否
2	（1）□是　□否　（2）□是　□否　（3）啮合深度测量值：____mm （4）□是　□否　（5）□是　□否
3	（1）□是　□否　（2）□是　□否　（3）啮合深度测量值：____mm （4）□是　□否　（5）□是　□否
4	（1）□是　□否　（2）□是　□否　（3）啮合深度测量值：____mm （4）□是　□否　（5）□是　□否
检验结果	□符合　□不符合

3．制作自检作业指导

制作门的运行和导向、自动关闭层门装置、紧急开锁装置、门的锁紧自检作业指导（word 文档）。要求图文并茂，作业指导能以图片或视频真实反映本项目的检验过程细节。

四、实施门的闭合、轿门开门限制装置等检验

1．准备知识

（1）查阅电梯安全技术规范和电梯相关资料，回答下列问题。

1）简述门锁滚轮与门刀间隙偏差的影响。

2）简述门刀与地坎间隙的测量方法。

3）简述门锁滚轮与地坎间隙的测量方法。

2．实施检验

（1）实施门的闭合的检验

按门的闭合检验的内容与要求，在教师的指导下完成该项目的自检，填写检验记录、检验结果。检验过程中，用手机拍照或录像记录检验过程。

门的闭合检验记录

项目	检验内容与要求	检验图示	检验过程及分析判定	检验结果
6.10 门的闭合 B	（1）正常运行时应不能打开层门，除非轿厢在该层门的开锁区域内停止或层站；如果一个层门或者轿门（或多扇门中的任何一扇门）开着，在正常操作情况下，应不能启动电梯或者不能保持继续运行 （2）每个层门和轿门的闭合都应由电气安全装置来验证，如果滑动门是由数个间接机械连接的门扇组成，则未被锁住的门扇上也应设置电气安全装置以验证其闭合状态		按以下步骤检查，将结果填入后面的记录表中： （1）检查轿顶检修电梯运行过程中，打开层门电梯是否立即停止；所有层门中任何一扇层门被打开时电梯是否都不能运行 （2）打开层门关闭轿门，检查轿顶检修运行电梯是否不能启动，关闭层门打开轿门，检查轿顶运行电梯是否不能启动	□符合 □不符合

门的闭合检验记录表

项目 层站	门的闭合检验
1	（1）□是　□否　（2）□是　□否
2	（1）□是　□否　（2）□是　□否
3	（1）□是　□否　（2）□是　□否
4	（1）□是　□否　（2）□是　□否
检验结果	□符合　□不符合

（2）实施轿门开门限制装置及轿门开启的检验

按轿门开门限制装置及轿门开启检验的内容与要求，在教师的指导下完成该项目的自检，填写检验记录、检验结果。检验过程中，用手机拍照或录像记录检验过程。

轿门开门限制装置及轿门的开启检验记录

项目	检验内容与要求	检验图示	检验过程及分析判定	检验结果
6.11 轿门开门限制装置及轿门的开启 B	（1）应设置轿门开门限制装置，当轿厢停在开锁区域外时，能够防止轿厢内的人员打开轿门离开轿厢 （2）在轿厢意外移动保护装置允许的最大制停距离范围内，打开对应的层门后，能够不用工具（三角钥匙或者永久性设置在现场的工具除外）从层站处打开轿门	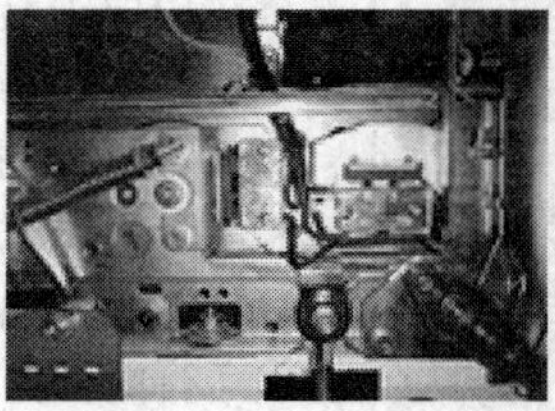	按以下步骤检查，将结果填入后面的记录表中： （1）检查轿门上是否安装轿门锁钩装置，当电梯在非门区位置时，从轿厢内是否不能打开轿门 （2）检查轿门上是否安装救援装置（救援钢绳），当轿厢在允许的最大制停距离范围内，打开层门拉动轿门上的救援钢绳是否能打开轿门	□符合 □不符合

轿门开门限制装置及轿门的开启检验记录表

项目 / 层站	轿门开门限制装置及轿门的开启
1	（1）□是 □否 （2）□是 □否
2	（1）□是 □否 （2）□是 □否
3	（1）□是 □否 （2）□是 □否
4	（1）□是 □否 （2）□是 □否
检验结果	□符合 □不符合

（3）实施门刀、门锁滚轮与地坎间隙的检验

按门刀、门锁滚轮与地坎间隙检验的内容与要求，在教师的指导下完成该项目的自检，填写检验记录、检验结果。检验过程中，用手机拍照或录像记录检验过程。

门刀、门锁滚轮与地坎间隙检验记录

项目	检验内容与要求	检验图示	检验过程及分析判定	检验结果
6.12 门刀、门锁滚轮与地坎间隙 C	轿门门刀与层门地坎、层门门锁滚轮与轿厢地坎的间隙应不小于 5 mm；电梯运行时不得互相碰擦	  	按以下步骤检查，将结果填入后面的记录表中： （1）测量轿门门刀与层门地坎 两人配合操作，轿顶检修运行电梯到轿门门刀与层门地坎水平的位置，用钢直尺测量轿门门刀与层门地坎的距离，检查是否不小于 5 mm （2）测量层门门锁滚轮与轿厢地坎 两人配合操作，A 准备在轿顶运行电梯，B 测量距离；A 在轿顶检修运行电梯到轿厢地坎与门锁滚轮水平的位置后打开轿门，B 在轿厢内用钢直尺测量轿厢地坎与门锁滚轮的距离，检查是否不小于 5 mm	□符合 □不符合

门刀、门锁滚轮与地坎间隙检验记录表

项目	6.12 门刀、门锁滚轮与地坎间隙	
要求 层站	门刀与层门地坎间隙 不小于 5 mm	门锁滚轮与轿门地坎间隙 不小于 5 mm
1	实际测量值：______mm □是 □否	实际测量值：______mm □是 □否
2	实际测量值：______mm □是 □否	实际测量值：______mm □是 □否
3	实际测量值：______mm □是 □否	实际测量值：______mm □是 □否
4	实际测量值：______mm □是 □否	实际测量值：______mm □是 □否
检验结果	□符合　□不符合	

3．制作自检作业指导

制作门刀、门锁滚轮与地坎间隙自检作业指导（word 文档）。要求图文并茂，作业指导能以图片或视频真实反映本项目的检验过程细节。

五、竣工及验收

1．填写自检报告

根据检验记录，填写“轿门与层门自检报告”，判定各个检验项目的检验结论，填写检验记录和结论记录。

2．存在不合格项的处理

（1）当检验结论存在不合格项时，填写“工作联系单”，并与使用单位沟通，明确整改工作内容，指导使用单位整改。同时，将不合格项及原因记录在“轿门与层门自检报告”的“存在问题及整改情况”栏目中。

（2）使用单位整改完毕，对使用单位的整改情况进行复检，直至合格，同时，将整改情况记录在“轿门与层门自检报告”的“存在问题及整改情况”栏目中。

3．交付验收

（1）现场检验（包括整改复检合格）全部项目合格后，在“轿门与层门自检报告”的“自检结论”栏目填写自检意见和自检结论，将“轿门与层门自检报告”交付维保单位技术负责人（教师）进行审核，经过审核人签字后，加盖维保单位公章。

（2）将加盖维保单位公章的“轿门与层门自检报告”交付使用单位负责人确认，并加盖使用单位公章，之后将自检报告提交一份到维保单位存档。

工作联系单

编号：

<table>
<tr><td>工程名称</td><td></td><td>日　　期</td><td></td></tr>
<tr><td>接收单位</td><td></td><td>抄送单位</td><td></td></tr>
<tr><td>主　　题</td><td colspan="3"></td></tr>
<tr><td colspan="4"></td></tr>
<tr><td>接收单位</td><td></td><td>发出单位</td><td></td></tr>
<tr><td>负责人</td><td></td><td>技术负责人</td><td></td></tr>
</table>

4．收尾工作

自检工作完全结束后，将检验前领用的工具、仪器、材料及资料等归还管理员，填写记录。

学习活动 4　工作总结与评价

学习目标

1. 能按分组情况，派代表展示工作成果，说明本次任务的完成情况，并做分析总结。

2. 能结合任务完成情况，正确规范地撰写工作总结。

3. 能就本次任务中出现的问题提出改进措施。

4. 能对学习与工作进行反思总结，并能与他人开展良好合作，进行有效沟通。

建议学时　4 学时

学习过程

一、个人、小组评价

以小组为单位，选择演示文稿、展板、海报、视频等形式中的一种或几种，向全班展示、汇报成果。在展示的过程中，以小组为单位进行评价；评价完成后，根据其他小组成员对本组展示成果的评价意见进行归纳总结。

汇报设计思路：

其他小组成员的评价意见：

二、教师评价

认真听取教师对本小组展示成果优缺点以及在完成任务过程中出现的亮点和不足的评价意见，并做好记录。

1．教师对本小组展示成果优点的点评。

2．教师对本小组展示成果缺点及改进方法的点评。

3．教师对本小组在整个任务完成过程中出现的亮点和不足的点评。

三、工作过程回顾及总结

1．在团队学习过程中，项目负责人给你分配了哪些工作任务？你是如何完成的？还有哪些需要改进的地方？

2．总结完成任务过程中遇到的问题和困难，列举 2 ~ 3 点你认为比较值得与其他同学分享的工作经验。

3．回顾本学习任务的工作过程，对新学专业知识和技能进行归纳和整理，撰写工作总结。

评价与分析

按照客观、公正和公平原则，在教师的指导下按自我评价、小组评价和教师评价三种方式对自己或他人在本学习任务中的表现进行综合评价。综合等级按：A（90 ~ 100）、B（75 ~ 89）、C（60 ~ 74）、D（0 ~ 59）四个级别进行填写。

学习任务综合评价表

考核项目	评价内容	配分（分）	评价分数		
			自我评价	小组评价	教师评价
职业素养	劳动保护用品穿戴完备，仪容仪表符合工作要求	5			
	安全意识、责任意识、服从意识强	6			
	积极参加教学活动，按时完成各项学习任务	6			
	团队合作意识强，善于与人交流和沟通	6			
	自觉遵守劳动纪律，尊敬师长，团结同学	6			
	爱护公物，节约材料，管理现场符合 6S 标准	6			
专业能力	专业知识扎实，有较强的自学能力	10			
	操作积极，训练刻苦，具有一定的动手能力	15			
	任务完成规范，工作效率高	10			
工作成果	自检报告填写规范，质量高	20			
	工作总结符合要求	10			
总分		100			
总评	自我评价 ×20%+ 小组评价 ×20%+ 教师评价 ×60%=	综合等级	教师（签名）：